U0128818

21世纪高等学校规划教材 | 计算机应用

C语言程序设计
学习指导与上机实践

刘韶涛 潘秀霞 应晖 编著

清华大学出版社

北京

内容简介

本书是《C语言程序设计》的姐妹篇。本书对各章的基本内容、重点和难点等作了进一步的归纳、阐述和举例说明，使读者能够对一些比较难懂、容易混淆或者容易忽视的问题有更清楚的认识、理解和把握。在编写过程中，注意突出各章的重点，通过大量的实例和上机实践环节的实践训练，加强读者对基本概念、基本算法和基本应用的掌握。特别是，我们针对当前全国和福建省计算机等级考试（二级 C 语言）中经常出现的典型题型、考试知识点和内容等，做了大量题目的收集、汇总和比较分析，通过对常考知识点的逐一分析，帮助读者加深对考试题型、考试内容和考试平台等的熟悉、理解和掌握，以便读者能在考试中取得较好的成绩。

本书共分 14 章，其中，第 1 章至第 12 章是对教材重点、难点内容的阐述和举例说明，第 13 章对 6 套模拟考试试卷作了详细的分析，第 14 章给出了 7 套自测试卷和参考答案。

本书既适合于 C 语言的初学者使用，也适合于具有一定 C 语言学习基础，想进一步提高 C 编程能力的读者使用，尤其是对那些准备参加计算机等级考试（二级 C 语言）的读者，相信本书能起到事半功倍的效果。

图书在版编目（CIP）数据

C 语言程序设计学习指导与上机实践 / 刘韶涛等编著. —北京：清华大学出版社，2011.1
（21 世纪高等学校规划教材·计算机应用）
ISBN 978-7-302-23596-5

Ⅰ. ①C…　Ⅱ. ①刘…　Ⅲ. ①C 语言-程序设计-高等学校-教学参考资料　Ⅳ. ①TP312

中国版本图书馆 CIP 数据核字（2010）第 159023 号

责任编辑：魏江江　王冰飞
责任校对：时翠兰
责任印制：何　芊

出版发行：清华大学出版社　　　　　　　　　地　　址：北京清华大学学研大厦 A 座
　　　　　http://www.tup.com.cn　　　　　　　邮　　编：100084
　　　社　总　机：010-62770175　　　　　　　邮　　购：010-62786544
　　　投稿与读者服务：010-62795954，jsjjc@tup.tsinghua.edu.cn
　　　质　量　反　馈：010-62772015，zhiliang@tup.tsinghua.edu.cn

印　装　者：北京国马印刷厂
经　　　销：全国新华书店
开　　　本：185×260　印　张：17.25　字　数：416 千字
版　　　次：2011 年 1 月第 1 版　印　　次：2011 年 1 月第1次印刷
印　　　数：1～3000
定　　　价：26.00 元

产品编号：039707-01

编审委员会成员

出版说明

　　随着我国改革开放的进一步深化，高等教育也得到了快速发展，各地高校紧密结合地方经济建设发展需要，科学运用市场调节机制，加大了使用信息科学等现代科学技术提升、改造传统学科专业的投入力度，通过教育改革合理调整和配置了教育资源，优化了传统学科专业，积极为地方经济建设输送人才，为我国经济社会的快速、健康和可持续发展以及高等教育自身的改革发展做出了巨大贡献。但是，高等教育质量还需要进一步提高以适应经济社会发展的需要，不少高校的专业设置和结构不尽合理，教师队伍整体素质亟待提高，人才培养模式、教学内容和方法需要进一步转变，学生的实践能力和创新精神亟待加强。

　　教育部一直十分重视高等教育质量工作。2007 年 1 月，教育部下发了《关于实施高等学校本科教学质量与教学改革工程的意见》，计划实施"高等学校本科教学质量与教学改革工程（简称'质量工程'）"，通过专业结构调整、课程教材建设、实践教学改革、教学团队建设等多项内容，进一步深化高等学校教学改革，提高人才培养的能力和水平，更好地满足经济社会发展对高素质人才的需要。在贯彻和落实教育部"质量工程"的过程中，各地高校发挥师资力量强、办学经验丰富、教学资源充裕等优势，对其特色专业及特色课程（群）加以规划、整理和总结，更新教学内容、改革课程体系，建设了一大批内容新、体系新、方法新、手段新的特色课程。在此基础上，经教育部相关教学指导委员会专家的指导和建议，清华大学出版社在多个领域精选各高校的特色课程，分别规划出版系列教材，以配合"质量工程"的实施，满足各高校教学质量和教学改革的需要。

　　为了深入贯彻落实教育部《关于加强高等学校本科教学工作，提高教学质量的若干意见》精神，紧密配合教育部已经启动的"高等学校教学质量与教学改革工程精品课程建设工作"，在有关专家、教授的倡议和有关部门的大力支持下，我们组织并成立了"清华大学出版社教材编审委员会"（以下简称"编委会"），旨在配合教育部制定精品课程教材的出版规划，讨论并实施精品课程教材的编写与出版工作。"编委会"成员皆来自全国各类高等学校教学与科研第一线的骨干教师，其中许多教师为各校相关院、系主管教学的院长或系主任。

　　按照教育部的要求，"编委会"一致认为，精品课程的建设工作从开始就要坚持高标准、严要求，处于一个比较高的起点上；精品课程教材应该能够反映各高校教学改革与课程建设的需要，要有特色风格、有创新性（新体系、新内容、新手段、新思路，教材的内容体系有较高的科学创新、技术创新和理念创新的含量）、先进性（对原有的学科体系有实质性的改革和发展，顺应并符合 21 世纪教学发展的规律，代表并引领课程发展的趋势和方向）、示范性（教材所体现的课程体系具有较广泛的辐射性和示范性）和一定的前瞻性。教材由个人申报或各校推荐（通过所在高校的"编委会"成员推荐），经"编委会"认真评审，最后由清华大学出版社审定出版。

目前，针对计算机类和电子信息类相关专业成立了两个"编委会"，即"清华大学出版社计算机教材编审委员会"和"清华大学出版社电子信息教材编审委员会"。推出的特色精品教材包括：

（1）21 世纪高等学校规划教材·计算机应用——高等学校各类专业，特别是非计算机专业的计算机应用类教材。

（2）21 世纪高等学校规划教材·计算机科学与技术——高等学校计算机相关专业的教材。

（3）21 世纪高等学校规划教材·电子信息——高等学校电子信息相关专业的教材。

（4）21 世纪高等学校规划教材·软件工程——高等学校软件工程相关专业的教材。

（5）21 世纪高等学校规划教材·信息管理与信息系统。

（6）21 世纪高等学校规划教材·财经管理与计算机应用。

（7）21 世纪高等学校规划教材·电子商务。

清华大学出版社经过二十多年的努力，在教材尤其是计算机和电子信息类专业教材出版方面树立了权威品牌，为我国的高等教育事业做出了重要贡献。清华版教材形成了技术准确、内容严谨的独特风格，这种风格将延续并反映在特色精品教材的建设中。

清华大学出版社教材编审委员会
联系人：魏江江
E-mail:weijj@tup.tsinghua.edu.cn

前　言

　　对于非计算机专业的学生，要在计算机等级考试（二级 C 语言）中取得较好的成绩，必须熟悉考试的题型、考试内容以及考试的重点和难点等。我们在教学实践中发现，许多学生在学完 C 程序设计之后，对 C 的基本概念模糊不清或者理解不透，不理解 C 中各种概念的基本内涵，不会运用所学基本知识解决常见的实际简单问题，上机调试程序的能力较差。为此，我们对积累多年的实际教学经验进行细心筛选，整理和编著了这本《C 语言程序设计学习指导与上机实践》（以下简称《指导》），它既可作为《C 语言程序设计》教材（以下简称《教材》）的姐妹篇，也可以作为读者学习 C 程序设计的辅导书。

　　本书与《教材》一书同步，前 12 章章名完全相同，各章对基本内容、重点和难点做了进一步的阐述和举例说明，以加深读者对它们的认识、理解和掌握。第 13 章对 6 套模拟考试试卷做了详细的分析，第 14 章给出了 7 套自测试卷和参考答案。通过对重点、难点的阐述和对典型实例及模拟试题的分析，使读者能够逐步掌握 C 语言程序设计的基本概念和基本方法，理解 C 程序设计的内涵和应用技巧，在学习 C 语言程序设计中得到一次全面的提升。这正是我们编写此书的希望和目的。

　　本书由刘韶涛副教授主编。其中第 1、2、3、4 章由潘秀霞、刘韶涛编写，第 5、6、11、12 章由应晖编写，第 7、8、9、10、13、14 章由刘韶涛编写，全书由刘韶涛统一审定、修改和校对。范慧琳副教授始终关心《教材》和《指导》两书的编写，在两书的编写过程中，给出了很多建设性的意见和建议，在此表示深深的谢意！

　　对于初学者来说，本书可以帮助他们有效地理解和把握 C 语言的基本概念和基本方法。对于具有一定 C 语言学习基础的读者来说，本书可以进一步提高他们灵活运用 C 程序解决实际问题的能力。对于那些准备参加计算机等级考试（二级 C 语言）的读者来说，使用本书更能起到事半功倍的效果。

　　由于时间仓促，加上编者水平有限，书中难免存在不妥与错误之处，敬请读者批评指正。任何批评、意见和建议等，请发至邮箱：shaotaol@hqu.edu.cn，我们将万分感谢。

编　者

2010 年 8 月

目 录

第1章

程序设计概述

基本内容
- 计算机系统的基础知识
- 数据在内存中的存储
- 程序设计语言的基础知识
- 高级语言编写程序的过程
- 算法和数据结构的基础知识
- 结构化程序设计的基本概念

重点
- 数据在内存中的存储特性
- 程序设计语言的基础知识和高级语言编写程序的过程
- 算法和数据结构的基本概念
- 结构化程序设计的基本概念

难点
- 数据在内存中的存储特性
- 高级语言编写程序的过程
- 算法和数据结构的基本概念
- 结构化程序设计的基本概念

1.1 学习指导

本章主要讲解程序设计语言的基础知识，以程序设计为中心，首先介绍了计算机系统的组成，详细阐述了计算机的硬件系统和计算机的软件系统以及它们之间的关系等，然后介绍了数据在计算机内存中的存储和计算机程序设计语言的基础知识以及用高级语言编写程序的过程和步骤等，接着阐述了程序设计的基础——算法和数据结构的基础知识，最后介绍了结构化程序设计的基本概念等。下面我们围绕几个重点知识，对这些基本概念和基本知识作进一步的分析和讨论，以帮助初学者更好地对它们进行理解和掌握。

1.1.1 计算机中数据的表示

计算机最主要的功能是处理数值、文字、声音、图形和图像等信息。在计算机内部，各种信息都必须经过数字化编码后才能被传送、存储和处理。因此，理解和掌握信息编码的概念与处理技术是至关重要的。所谓编码，就是采用少量的基本符号，选用一定的组合规则，以表示大量复杂多样的信息。基本符号的种类和这些符号的组合规则是一切信息编码的两大要素。例如，用 10 个阿拉伯数码表示数字，用 26 个英文字母表示英文词汇等，都是编码的典型例子。

1. 进位记数制及其转换

在采用进位记数的数字系统中，如果只用 r 个基本符号表示数值，则称其为 r 进制（radix-r number system），r 称为该数制的基数（radix）。对于不同的进制，它们的共同特点是：

- 每一种数制都有固定的符号集。例如，十进制数制的基本符号有 10 个（0,1,2,…,9），二进制数制的基本符号有两个（0 和 1）。
- 每一种数制都是用位置表示法来表示。即处于不同位置的数符所代表的值不同，与它所在位置的权值有关。

对任何一种进位记数制表示的数都可以写成按权展开的多项式之和，任意一个 r 进制数 N 可表示为：

$$N_r = \sum_{i=m-1}^{k} D_i \times r^i$$

其中，D_i 为该数制采用的基本数符，r^i 是权，r 是基数。例如，十进制数 12345.67 可表示为：

$$12345.67 = 1 \times 10^4 + 2 \times 10^3 + 3 \times 10^2 + 4 \times 10^1 + 5 \times 10^0 + 6 \times 10^{-1} + 7 \times 10^{-2}$$

计算机中常用的进位数制的表示方法如表 1-1 所示。

表 1-1　计算机中常用的进位数制的表示

进位制	二进制	八进制	十进制	十六进制
规则	逢二进一	逢八进一	逢十进一	逢十六进一
基数	r=2	r=8	r=10	r=16
数符	0,1	0,1,2,…,7	0,1,2,…,9	0,1,2,…,9,a/A,b/B,…,f/F
权	2^i	8^i	10^i	16^i
表示符	B	O	D	H

各种数制之间相互转换的方法如下：

- 二进制数转换成十进制数的方法是：将二进制数的每一位乘以它的权，然后相加，即可求得对应的十进制数值。

例如，把二进制数 100110.101 转换成相应的十进制数：

$$(100110.101)_2 = 1 \times 2^5 + 0 \times 2^4 + 0 \times 2^3 + 1 \times 2^2 + 1 \times 2^1 + 0 \times 2^0 + 1 \times 2^{-1} + 0 \times 2^{-2} + 1 \times 2^{-3} = 38.625$$

- 将十进制数转换成二进制数时，整数部分和小数部分分别转换，然后合并。十进制整数转换为二进制整数的方法是"除以 2 取余"；十进制小数转换为二进制小数的方法是"乘以 2 取整"。具体步骤可参看相关书籍，在此不再详述。

十进制数转换成二进制数还有一种简便的方法：把一个十进制数写成按二进制数权的大小展开的多项式，按权值从高到低依次取各项的系数就可得到相应的二进制数。

例如，把十进制数 175.71875 转换为相应的二进制数：

$$(175.71875)_{10} = 2^7+2^5+2^3+2^2+2^1+2^0+2^{-1}+2^{-3}+2^{-4}+2^{-5}=(10101111.10111)_2$$

- 十进制数转换为八进制数的方法是：对于十进制整数采用"除以 8 取余"的方法转换为八进制整数；对于十进制小数则采用"乘以 8 取整"的方法转换为八进制小数。
- 二进制数转换成八进制数的方法是：从小数点起，把二进制数每 3 位分成一组，然后写出每一组的等值八进制数，顺序排列起来就得到所要求的八进制数。
- 同理，将一位八进制数用 3 位二进制数表示，就可以直接将八进制数转换成二进制数。

二进制数、八进制数和十六进制数之间的对应关系如表 1-2 所示。

表 1-2　二进制数、八进制数和十六进制数之间的对应关系

二进制	八进制	二进制	十六进制
000	0	0000	0
001	1	0001	1
010	2	0010	2
011	3	0011	3
100	4	0100	4
101	5	0101	5
110	6	0110	6
111	7	0111	7
		1000	8
		1001	9
		1010	a/A
		1011	b/B
		1100	c/C
		1101	d/D
		1110	e/E
		1111	f/F

例如，把二进制数 10101111.10111 转换为相应的八进制数：

$$(10\ 101\ 111.101\ 11)_2=(257.56)_8$$

- 十进制数转换为十六进制数的方法是：十进制整数部分"除以 16 取余"，十进制数的小数部分"乘以 16 取整"，进行转换。
- 二进制数转换成十六进制的方法是：从小数点起，把二进制数每 4 位分成一组，然后写出每一组的等值十六进制数，顺序排列起来就得到所要求的十六进制数。

例如，把二进制数 10101111.10111 转换为相应的十六进制数：

$$(1010\ 1111.1011\ 1)_2=(AF.B8)_{16}$$

2．二进制运算规则

加法：二进制加法的进位规则是"逢二进一"。

$$0+0=0 \quad 1+0=1 \quad 0+1=1 \quad 1+1=0（有进位）$$

减法：二进制减法的借位规则是"借一当二"。

$$0-0=0 \quad 1-0=1 \quad 1-1=0 \quad 0-1=1 \text{（有借位）}$$

乘法：二进制乘法规则是：

$$0 \times 0=0 \quad 1 \times 0=0 \quad 0 \times 1=0 \quad 1 \times 1=1$$

除法：二进制除法是乘法的逆运算，其运算方法与十进制除法是类似的。

3. 机器数和码制

各种数据在计算机中表示的形式称为机器数，其特点是采用二进制计数制，数的符号用 0、1 表示，小数点则隐含表示，不占位置。机器数对应的实际数值称为数的真值。

机器数有无符号数和带符号数之分。无符号数表示正数，在机器数中没有符号位。对于无符号数，若约定小数点的位置在机器数的最低位之后，则是纯整数；若约定小数点的位置在机器数的最高位之前，则是纯小数。对于带符号数，机器数的最高位是表示正、负的符号位，其余位则表示数值。若约定小数点的位置在机器数的最低数值位之后，则是纯整数；若约定小数点的位置在机器数的最高数值位之前（符号位之后），则是纯小数。

为了便于运算，带符号的机器数可采用原码、反码和补码等不同的编码方法，机器数的这些编码方法称为码制。

1) 原码表示法

数值 X 的原码记为 $[X]_原$。设机器字长为 n（即采用 n 个二进制位表示数据），则最高位是符号位，0 表示正号，1 表示负号；其余 n–1 位表示数值的绝对值。数值零的原码表示有两种形式：$[+0]_原=00000000$，$[-0]_原=10000000$（设 n=8）。

例如，若机器字长 n 等于 8，则：

$[+1]_原=0000\ 0001$　　　　　　$[-1]_原=1000\ 0001$

$[+127]_原=0111\ 1111$　　　　　$[-127]_原=1111\ 1111$

$[+45]_原=0010\ 1101$　　　　　　$[-45]_原=1010\ 1101$

$[+0.5]_原=0\Diamond100\ 0000$　　　$[-0.5]_原=1\Diamond100\ 0000$，其中 $\Diamond$ 是小数点的位置。

2) 反码表示法

数值 X 的反码记作 $[X]_反$。设机器字长为 n，则最高位是符号位，0 表示正号，1 表示负号，正数的反码与原码相同，负数的反码则是其绝对值按位求反。数值零的反码表示有两种形式：$[+0]_反=00000000$，$[-0]_反=11111111$（设 n=8）。

例如，若机器字长 n 等于 8，则：

$[+1]_反=0000\ 0001$　　　　　　$[-1]_反=11111\ 1110$

$[+127]_反=0111\ 1111$　　　　　$[-127]_反=1000\ 0000$

$[+45]_反=0010\ 1101$　　　　　　$[-45]_反=1101\ 0010$

$[+0.5]_反=0\Diamond100\ 0000$　　　$[-0.5]_反=1\Diamond011\ 1111$，其中 $\Diamond$ 是小数点的位置。

3) 补码表示法

数值 X 的补码记作 $[X]_补$。设机器字长为 n，则最高位是符号位，0 表示正号，1 表示负号，正数的补码与原码相同，负数的补码则是其反码的末尾加 1。在补码表示中，0 的补码是唯一的：$[+0]_补=00000000$，$[-0]_补=00000000$（设 n=8）。

例如，若机器字长 n 等于 8，则：

$[+1]_补=0000\ 0001$　　　　　　$[-1]_补=11111\ 1111$

$[+127]_补=0111\ 1111$　　　　　$[-127]_补=1000\ 0001$

$[+45]_{补}=0010\ 1101$　　　　$[-45]_{补}=1101\ 0011$

$[+0.5]_{补}=0\diamond100\ 0000$　　　　$[-0.5]_{补}=1\diamond100\ 0000$，其中$\diamond$是小数点的位置。

4. 定点数和浮点数

1) 定点数

所谓定点数，就是小数点的位置固定不变的数。小数点的位置通常有两种约定方式：定点整数（纯整数，小数点在最低有效数值位之后）和定点小数（纯小数，小数点在最高有效数值位之前）。

设机器字长为 n，各种码制表示下的带符号数的范围如表 1-3 所示。

表 1-3　各种码制表示下的带符号数的范围

码制	定点整数	定点小数
原码	$-(2^{n-1}-1)\sim+(2^{n-1}-1)$	$-(1-2^{-(n-1)})\sim+(1-2^{-(n-1)})$
反码	$-(2^{n-1}-1)\sim+(2^{n-1}-1)$	$-(1-2^{-(n-1)})\sim+(1-2^{-(n-1)})$
补码	$-2^{n-1}\sim+(2^{n-1}-1)$	$-1\sim+(1-2^{-(n-1)})$

2) 浮点数

当机器字长为 n 时，定点数的补码可表示 2^{n-1} 个数，而其原码和反码只能表示 $2^{n-1}-1$ 个数（0 的表示占用了两个编码），因此，定点数所能表示的数值范围比较小，运算中很容易因结果超出范围而溢出。因此，引入浮点数，浮点数是小数点位置不固定的数，它能表示更大范围的数。

与十进制数类似，一个二进制数也可以写成多种表示形式。例如，二进制数 1011.10101 可以写成 $0.1011\ 10101\times2^4$、$0.01011\ 10101\times2^5$、$0.001011\ 10101\times2^6$，等等。由此可知，一个二进制数 N 可以表示为更一般的形式：

$$N=2^E\times M$$

其中，E 称为阶码，M 称为尾数。用阶码和尾数表示的数称为浮点数，这种表示数的方法称为浮点表示法。

在浮点表示法中，阶码通常为带符号的纯整数，尾数为带符号的纯小数。浮点数的表示格式如下：

阶符	阶码	数符	尾数

很明显，一个数的浮点表示不是唯一的。当小数点的位置改变时，阶码也随着相应改变，因此可以用多种浮点形式表示同一个数。

浮点数所能表示的数值范围主要由阶码决定，所表示数值的精度则由尾数决定。为了充分利用尾数来标识更多的有效数字，通常采用规格化浮点数。规格化就是将尾数的绝对值限定在区间[0.5,1]。当尾数用补码表示时，需要注意：

(1) 若尾数 M≥0，则其规格化的尾数形式为 $M=0.1\times\times\cdots\times$，其中×可为 0，也可为 1，即将尾数 M 的范围限定在区间[0.5,1]。

(2) 若尾数 M<0，则其规格化的尾数形式为 $M=1.0\times\times\cdots\times$，其中×可为 0，也可为 1，即将尾数 M 的范围限定在区间[-1,-0.5]。

5. 十进制数与字符的编码表示

数值、文字和英文字母等都认为是字符，任何字符进入计算机时，都必须转换成二进制表示形式，称为字符编码。

用 4 位二进制代码表示 1 位十进制数，称为二-十进制编码，简称 BCD 编码。因为 $2^4=16$，而十进制数只有 0～9 共 10 个不同的数符，故有多种 BCD 编码。根据 4 位代码中每一位是否有确定的权来划分，可分为有权码和无权码两类。

应用最多的有权码是 8421 码，即 4 个二进制位的权从高到低分别为 8、4、2 和 1。8421BCD 码与十进制数的对应关系如表 1-4 所示。

表 1-4　8421BCD 码与十进制数的对应关系

十进制数	8421BCD 码	十进制数	8421BCD 码
0	0000	5	0101
1	0001	6	0110
2	0010	7	0111
3	0011	8	1000
4	0100	9	1001

6．ASCII 码

ASCII 码（American Standard Code for Information Interchange）是美国标准信息交换码的简称，该编码已被国际标准化组织 ISO 采纳，成为一种国际通用的信息交换用标准代码。

ASCII 码采用 7 个二进制位对字符进行编码：低 4 位组 $d_3d_2d_1d_0$ 用做行编码，高 3 位组 $d_6d_5d_4$ 用做列编码，其格式为：

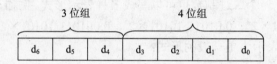

根据 ASCII 码的构成格式，可以方便地从对应的码表中查出每一个字符的编码。

7．汉字编码

汉字处理包括汉字的编码输入、汉字的存储和汉字的输出等环节。也就是说，在计算机中处理汉字，必须先将汉字代码化，即对汉字进行编码。汉字种类繁多，编码比西文拼音文字困难，而且在一个汉字处理系统中，输入、内部处理、存储和输出对汉字的要求不尽相同，所以采用的编码也不尽相同。汉字信息处理系统在处理汉字和词语时，关键的问题是要进行一系列的汉字代码转换。

1）输入码

中文的字数繁多，字形复杂，字音多变，常用汉字就有 7000 个左右。在计算机系统中使用汉字，首先遇到的问题就是如何把汉字输入到计算机内。为了能直接使用西文标准键盘进行输入，必须为汉字设计相应的编码方法。汉字编码方法主要分为 3 类：数字编码、拼音码和字形码。

（1）数字编码。数字编码就是用数字串代表一个汉字的输入，常用的是国际区位码。国际区位码将国家标准局公布的 6763 个两级汉字分成 94 个区，每个区 94 位，实际上就是把汉字表示成二维数组，区码和位码各两位十进制数字，因此，输入一个汉字需要按键 4 次。例如，"中"字位于第 54 区 48 位，区位码为 5448。

数字编码输入的优点是无重码，而且输入码和内部编码的转换比较方便，但是每个编码都是等长的数字串，代码难以记忆。

（2）拼音码。拼音码是以含英语读音为基础的输入方法。由于汉字同音字太多，输入重码率很高，因此，按拼音输入后还必须进行同音字选择，影响了输入的速度。

（3）字形编码。字形编码是以汉字的现状确定的编码。汉字总数虽多，但都是由一笔一画组成，全部汉字的部件和笔画是有限的。因此，把汉字的笔画部件用字母或数字进行编码，按笔画书写的顺序依次输入，就能表示一个汉字，五笔字型、表形码等都是这种编码法。五笔字型编码是目前最有影响的汉字编码方法。

2）内部码

汉字内部码（简称汉字内码）是汉字在设备或信息处理系统内部最基本的表达形式，是在设备和信息处理系统内部存储、处理、传输汉字用的代码。汉字数量多，用一个字节无法区分，采用国家标准局 GB2312-80 中规定的汉字国标码，两个字节存放一个汉字的内码，每个字节的最高位置“1”，作为汉字机内码。由于两个字节各用 7 位，因此可表示16 384 个可区别的机内码。例如，汉字“大”的国标码为 3473H，两个字节的高位置“1”，得到的机内码为 B4F3H。

3）字形码

汉字字形码是表示汉字字形的字模数据，通常用点阵、矢量函数等方式表示，用点阵表示汉字时，汉字字形码指的就是这个汉字字形点阵的代码。字形码也称字模码，是用点阵表示的汉字字形码，它是汉字的输出方式，根据输出汉字的要求不同，点阵的多少也不同。简易型汉字为 16×16 点阵，高精度型汉字为 24×24 点阵、32×32 点阵、48×48 点阵，等等。字模点阵的信息量很大，每个汉字就不能用于机内存储，字库中存储了每个汉字的点阵代码，当显示输出时才检索字库，输出字模点阵得到字形。

汉字的矢量表示法是将汉字看做是由笔画组成的图形，提取每个笔画的坐标值，这些坐标值可以决定每一笔画的位置，将每一个汉字的所有坐标值信息组合起来就是该汉字字形的矢量信息。同样，将各个汉字的矢量信息集中在一起就构成了汉字库。当需要汉字输出时，利用汉字字形检索程序根据汉字内码从字模库中找到相应的字形码。

1.1.2　算法和数据结构的基本概念

在程序设计过程中，首先要对解决的问题进行分析和建模，理解所要解决问题中的各个对象和它们之间的关系，然后要考虑在计算机内部该如何表示这些对象和这些对象之间的关系，最后，考虑采用什么样的办法来得到问题的解。显然，程序设计的关键就在于分析问题域中的对象和关系，在计算机内部如何存储表示出这些对象和关系，以及在此基础上的解决问题的策略。

数据结构就是建立问题数学模型的关键技术；算法就是在数学模型基础上寻求解决问题的策略；而程序就是为计算机处理问题而编制的一组指令集。显然，程序设计的关键就在于数据结构和算法。这就是发明了多种影响深远的程序设计语言（PASCAL 之父），并提出结构化程序设计这一革命性概念（结构化程序设计的首创者）而获得了 1984 年图灵奖的瑞士计算机科学家 Niklaus Wirth（尼克劳斯·沃思）提出的著名的公式：

Data Structures + Algorithm = Programs（数据结构+算法=程序）

关于算法的概念和算法的表示方法，请读者参看本书配套的主教材，在此不再阐述。我们在此再讨论一下数据结构的基本概念。

在程序设计中，经常会碰到两类问题。一类是数值性问题，如，求和、求方程的根等，这些问题相对来说比较简单，不需要建立复杂的数学模型。还有一类是非数值性问题，如，交叉路口的交通管制问题、最短路径问题和排序问题等。这些问题往往比较复杂，主要是问题域中的对象及其关系比较复杂，因此，对于这些问题的一般求解方法是：

（1）建立问题的数学模型（如线性模型、树状模型、网状模型等）。

（2）按照数学模型设计解决问题的算法。

（3）根据算法编写程序，运行程序得到问题的解答。

数据结构就是一门讨论"描述现实世界实体的数学模型（非数值计算）及其上的操作在计算机中如何表示和实现"的学科。它与算法一样，都是进行复杂程序设计的基础。

数据结构包含 3 个层面的含义：

（1）问题所涉及的数据对象，以及数据对象内部各个数据元素之间的特定关系——数据的逻辑结构（逻辑关系）。

（2）全体数据元素以及数据元素之间的特定关系在计算机内部的表达——数据的存储结构（物理关系）。

（3）为解决问题而对数据施加的一组操作——数据的运算集合（操作/运算）。

例如，要编写程序，实现按学号从低到高，随机输入若干个同班学生的信息（包括学号、姓名、年龄和成绩总分），按照成绩总分从高到低的顺序，重新列出学生的信息。

分析：首先我们要弄清问题域的对象（若干个学生）以及他们之间的关系（同班），再考虑如何在计算机中表示出这些对象及其关系。我们可以将若干个学生的信息存储于一个一般高级语言都提供的一维数组中，这个数组就是一种数据结构，它表达了组成数组的各个元素（数组元素）之间的逻辑关系和物理关系（详见第 7 章）；然后，我们就可以在此基础上设计算法来进行排序。可以编写出的 C 语言程序如下（可能你此时无法理解具体语言的细节，但可以理解解题的思路和步骤）：

```c
#include<stdio.h>
#define N 10              /* 学生数 */

struct Student{           /* 存储每个学生信息的数据结构 */
    char Num[20];         /* 学号 */
    char Name[10];        /* 姓名 */
    int age;              /* 年龄 */
    float SumScore;       /* 总成绩 */
};

void main(void){
    int i,j;
    struct Student s[N],temp;    /* s[N]存储各个学生信息的数据结构 */
```

```
    printf("Input students information:\n");
    for(i=1;i<=N;i++)                                /* 输入各个学生信息 */
    scanf("%s%s%d%f",s[i-1].Num,s[i-1].Name,&s[i-1].age,&s[i-1].SumScore);

/* 排序算法实现 */
    for(i=1;i<N;i++)
        for(j=0;j<N-i;j++)
            if(s[j].SumScore<s[j+1].SumScore){
                temp=s[j];
                s[j]=s[j+1];
                    s[j+1]=temp;
            }

  printf("\n\nInformation after sort:\n");  /* 输出排序后的各个学生信息 */
  for(i=1;i<=N;i++)
    printf("%s,%s,%d,%f\n",s[i-1].Num,s[i-1].Name,s[i-1].age,s[i-1].
    SumScore);
}
```

程序运行结果如图 1-1 所示。

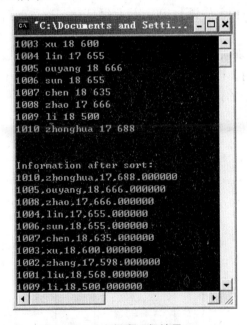

图 1-1　程序运行结果

1.1.3　结构化程序设计的基本概念

　　结构化的程序设计强调程序设计风格和程序结构的规范化，提倡结构清晰。结构化程序设计方法的基本思路是把一个复杂问题的求解过程分阶段进行，每个阶段处理的问题都控制在人们容易理解和处理的范围内。

具体来说，采用如下方法以保证得到结构化的程序：

（1）自顶向下。

（2）逐步细化。

（3）模块化设计。

（4）结构化编码。

在程序设计过程中，应当按自顶向下逐步细化的方法，将一个大的程序分解成足够小的部分。尤其是当程序比较复杂时，更有必要这样做。在拿到一个程序模块以后，根据程序模块的功能将它划分为若干个子模块，如果嫌这些子模块太大，还可以划分成更小的模块。

划分模块时应注意模块的独立性，即一个模块完成一项功能，耦合性越小越好。模块化设计的思路实际上是一种"分而治之（devided and conguer）"的思想，把一个大的任务分成若干个小的子任务，每一个子任务就相对简单了。

例如，绘制流程图，求 sum=1+2+3+…+100 的值。

分析：求解这个问题要定义两个变量 sum 和 i，分别存放结果和以及整数 1、2、…、100。先用自然语言描述求这组数和算法：

第一步：将 sum 置 0，存数单元 i 置 1，即 sum=0，i=1。

第二步：执行循环结构，如果 i≤100，执行循环体一次，直到 i>100，退出循环。在循环体中，执行以下操作：

（1）sum 累加上 i，即 sum=sum+i。

（2）i 的值更改为 i+1，即 i=i+1。

第三步：输出 sum 中的值。

其流程图如图 1-2 所示。

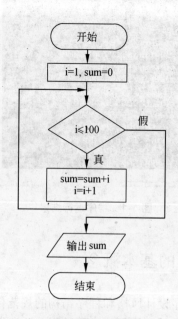

图 1-2　流程图

1.2　学习思考

本章是程序设计的基础知识讲解，主要为今后的 C 语言程序设计学习打下良好的程序设计基础。由于没有上机实践练习，我们布置几道习题，供大家练习和思考。

1. 将$(01110101)_2$、$(113)_{10}$、$(75)_8$、$(C4)_{16}$ 按从小到大排列。

2. 将$(3251)_{10}$ 转换成其他数制。

3. 写出$(-3251)_{10}$ 的原码、反码和补码（设字长 n=16）。

4. 用流程图表示算法，求两个数 m、n 的最大公约数。

5. 用伪代码流程图表示算法，将 100～200 之间的素数打印出来。

6. 什么是数据结构？它具有什么样的含义？

第2章 C 语言概述

基本内容
- C 语言的发展背景和特点
- C 程序的结构和基本词汇符号
- C 程序的编写风格
- 编写 C 程序的基本过程

重点
- C 程序的结构和基本词汇符号
- 编写 C 程序的基本过程

难点
- C 程序的结构和基本词汇符号
- 编写 C 程序的基本过程

2.1 学习指导

2.1.1 C 语言简介

C 语言是国际上广泛流行的计算机高级编程语言。它适合作为系统描述语言，既可以用来写系统软件，也可以用来写应用软件。

C 语言诞生于 20 世纪 70 年代初，1983 年，美国国家标准协会（ANSI）根据 C 语言问世以来的各种版本对 C 的发展和扩充指定了新的标准，称为 ANSI C。1987 年，ANSI 又公布了新的标准：87ANSI C。1990 年，国际标准化组织（ISO）接受了 87ANSI C 为 ISO C 的标准（ISO9899-1990）。目前流行的各种版本都是以它为基础的。

一种语言之所以能存在和发展，并具有生命力，总是有其不同于（或优于）其他语言的特点。C 语言的主要特点如下：

（1）语言简洁、紧凑，使用方便、灵活。

（2）运算符丰富。

（3）数据结构丰富，具有现代化语言的各种数据结构。

（4）具有结构化的控制语句，用函数作为程序的模块单位，便于实现程序的模块化。

（5）语法限制不太严格，程序设计自由度大。

（6）能进行位操作，能实现汇编语言的大部分功能，可以直接对硬件进行操作。

（7）生成目标代码质量高，程序执行效率高。

（8）程序可移植性好，基本上不做修改就能用于各种型号的计算机和操作系统。

2.1.2　简单的 C 程序介绍

下面介绍几个简单的 C 程序。

```c
#include<stdio.h>
void main(void){
    printf("This is the first C program.\n");
}
```

程序运行结果如图 2-1 所示。

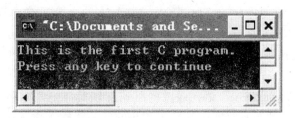

图 2-1　程序运行结果（1）

其中，#include<stdio.h>是一个编译预处理命令，表示要嵌入头文件 stdio.h。stdio.h 是编译器（编译系统）已经写好的一个头文件，在这个文件中已经定义好了常用的一些有关输入和输出的函数，我们在需要的时候就可以直接使用这些函数。

main 表示"主函数"。每一个 C 程序都必须有且仅有一个 main 函数，函数体由大括号 {}括起来。本例中主函数内只有一个输出语句，这个输出语句通过调用 printf 函数实现字符串的输出。双引号内的字符串按原样输出，"\n"是换行符，即输出"This is the first C program."后回车换行，语句的最后有一个分号。

```c
#include<stdio.h>
int max(int x,int y){      /* 定义函数 max，其值为整型，形式参数为整型 */
    int z;                 /*函数 max 中的声明部分，定义本函数中要用到的变量 z 为整型 */
    if(x>y) z=x;
    else z=y;
return z;                  /* 将 z 的值返回，通过 max 带回给调用处 */
}

void main(void){                       /* 主函数 */
    int a,b,c;                         /* 声明部分，定义变量 */
    printf("Please enter a and b:");   /* 输入变量值的提示信息 */
    scanf("%d%d",&a,&b);               /* 输入变量的值 */

    c=max(a,b);                        /* 调用 max 函数，将得到的值赋给 c */
```

```
        printf("max=%d\n",c);  /* 输出 c 的值 */
}
```

程序运行结果如图 2-2 所示。

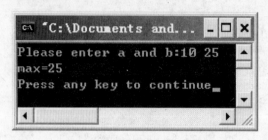

图 2-2　程序运行结果（2）

本程序包括两个函数：主函数 main 和被调用的函数 max。max 的作用是将 x、y 中的较大值赋给 z，return 语句将 z 的值返回给主调函数 main。返回值是通过函数名 max 带回 main 函数的调用处。程序中 scanf 函数的作用是输入 a 和 b 的值。&a 和&b 中的 "&" 的含义是 "取地址"，此函数的作用是将两个数值分别放到变量所对应的地址单元中。这种形式与其他语言有所不同。

函数 main 中的 c=max(a,b); 语句通过调用 max 函数，得到 a 和 b 的最大值，再赋给变量 c。在调用 max 函数时，将实际参数 a 和 b 的值分别传送给 max 函数中的形式参数 x 和 y。经过运算后得到一个最大值给变量 z，然后输出 z 的值。printf 函数中双引号内的 max=%d 在输出时，其中的%d 将由 z 的值取代，"max=" 原样输出。

从上面的两个例子可以看出以下几点：

（1）C 程序是由函数组成的。一个 C 源程序至少包含一个 main 函数，也可以包含一个 main 函数和若干个其他函数。因此，函数是 C 程序的基本单位。被调用的函数可以是系统提供的库函数，也可以是用户根据需要自己编写设计的函数。C 程序的函数相当于其他语言中的子程序，用函数来实现特定的功能。程序中的全部工作是由各个函数分别完成的。编写 C 程序就是编写一个个函数。C 的函数库十分丰富，ANSI C 建议的标准库函数中包括了一百多个函数，Turbo C 和 MS C 4.0 中提供了 300 多个库函数。

C 语言的这个特点使得程序的模块化很容易实现。

（2）一个函数由两部分组成：函数的首部和函数体。函数的首部包括函数名、函数类型、函数参数名、参数类型；函数体是函数首部下面大括号{}里面的部分。如果一个函数内有多个大括号，则最外层的一对{}为函数体的范围。

（3）一个 C 程序总是从 main 函数开始执行的，而不论 main 函数在整个程序中的位置如何（main 函数可以放在程序的最前、最后或是中间的任何一个位置）。

（4）C 程序书写格式自由，一行内可以写几个语句，一个语句可以分写在多行上。C 程序没有行号，也不像 FORTRAN 或 COBOL 那样严格规定书写格式。

（5）每个语句和数据定义的最后必须有一个分号。分号是 C 语句的重要组成部分，即使是程序中最后一个语句也应包含分号。

（6）C 语言本身没有输入输出语句，输入和输出语句是由库函数来完成的。C 语言对输入输出实行"函数化"。

2.2　C 程序的开发环境及其使用

本部分介绍 C 程序的开发过程和操作环境，重点是在目前应用较广泛的 Turbo C 和 VC++编译系统下，如何进行 C 源程序的输入、编辑、编译、连接、运行、调试等过程。最后介绍常见的上机错误和纠正办法。

1. C 程序开发过程

C 程序要在某种操作系统和编译系统支持下开发。应用 C 语言编写的程序，称为"C 源程序"。计算机不能直接识别 C 源程序。为了使计算机能够执行 C 程序指令，首先需用一种"编译程序"软件将 C 源程序翻译成二进制形式的"目标程序"，然后通过"连接程序"将目标程序和系统库函数连接成完整的"可执行程序"，最后运行可执行程序。在 C 程序开发的各个阶段都可能发生错误，因此需重复上述过程，排除错误，直到程序运行能达到预期的结果为止。C 程序开发过程如图 2-3 所示。

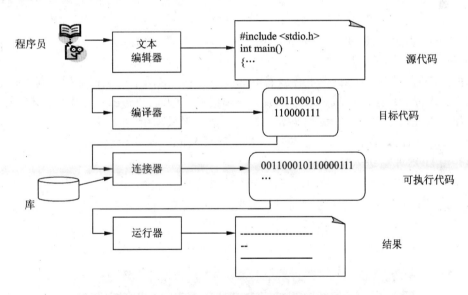

图 2-3　C 程序开发过程

在 C 程序开发过程中，可能发生以下几类错误：

第一类是语法错误，在编译和连接阶段出现。语法错误易纠正。编译时编译器作语法检查，给出错误定位和错误报告信息。错误信息是十分重要的，最有参考价值。

第二类是语义错误，在运行阶段出现。这类错误不能精确定位，只给出错误的信息，纠正错误较难。一般采用跟踪技术检测和定位。

第三类是逻辑错误，在程序运行后出现。这类错误容易被忽视，最难纠正，需用测试技术解决。

排除程序错误，提高程序调试能力，是学习 C 程序设计的重要内容之一。

2．Turbo C 2.0/3.0 系统使用指南

Turbo C 是美国 Borland 公司的产品，Borland 公司是一家专门从事软件开发、研制的大公司。Turbo C 2.0 是一个集程序编辑、编译、连接、调试为一体的 C 语言程序开发软件，具有速度快、效率高、功能强等优点。Turbo C 是目前国内用户广泛使用的一种 C 编译系统。本节内容介绍 Turbo C 2.0 的上机过程（Turbo C 3.0 等与 Turbo C 2.0 类似）。

1）Turbo C 的安装

Turbo C 仅占用 384KB 内存，其系统文件占用的磁盘空间不到 3MB。因此，几乎在所有的微机上都可以使用 Turbo C，也不要求有鼠标。由于 Turbo C 对系统的要求不高，因此，得到了广泛的应用。

Turbo C 的安装很简单，只需执行安装程序 install.exe。在安装过程中，用户可以根据系统显示在屏幕上的提示进行操作，可以指定存放系统文件的目录和存储模式，但一般都不必自己指定，而采用系统提供的默认方案。

如果采用系统提供的默认方案，则在安装完成后，用户的磁盘将会增加以下子目录和文件：

（1）C:\TC，其中包括 tc.exe、tcc.exe、make.exe 等执行文件。

（2）C:\TC\INCLUDE，其中包括 stdio.h、math.h、malloc.h、string.h 等库函数文件。

（3）C:\TC\LIB，其中包括 maths.lib、mathl.lib、graphics.lib 等库函数文件。

（4）C:\TC\BGI 和 C:\TC\C，其中包括 TC 运行时所需的信息。

2）进入（启动）TC 环境

从前面内容可知在 TC 目录下存放着 tc.exe、tcc.exe 这两个可执行文件。其中，tc.exe 是将编辑、编译、连接、调试和运行集成为一体的基本模块；tcc.exe 则提供了某些补充功能，例如可以在程序中嵌入汇编代码等。在一般情况下只需用到 tc.exe。

进入 Turbo C 可以由 DOS 平台进入，也可以从 Windows 平台进入。

（1）由 DOS 平台进入 Turbo C

首先切换到 TC 目录下，使用以下命令（下划线部分为输入内容）：

C:\>CD \TC↙   （将当前目录改变为到 C:\TC 目录下）

C:\TC> tc↙   （执行 tc.exe）

这时就进入了 Turbo C 环境，屏幕上将显示出如图 2-4 所示的工作窗口。

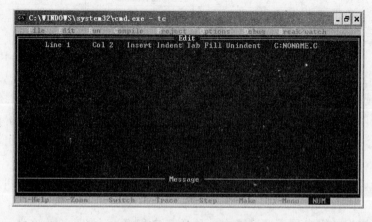

图 2-4　Turbo C 工作窗口

（2）由 Windows 平台进入 Turbo C

在 Windows 平台下进入 Turbo C 的方法有多种：

- 选择"开始｜程序｜MS-DOS 方式"，进入 DOS 方式窗口，再用 DOS 命令进入 Turbo C 环境。
- 通过"资源管理器"定位到文件夹 TC，双击 tc.exe，即可进入 Turbo C 环境。
- 在桌面上建立 tc.exe 快捷方式，双击该快捷方式进入 Turbo C 环境。

3）Turbo C 工作环境简介

进入 Turbo C 后，就可以开始编辑程序了，以后程序的编译、调试以及运行都将在这个窗口中进行。下面简单介绍一下各菜单的功能。

Turbo C 有 8 个菜单，如下所示：

File	Edit	Run	Compile	Project	Options	Debug	Break/watch

除 Edit 外，其他各项均有子菜单，只要用 Alt 键加上该项中第一个字母（即大写字母），即可进入该项的子菜单中。

（1）File（文件）

按 Alt+F 组合键进入此菜单，可进行以下内容的操作。

Load（加载 F3）：装入一个文件。

Pick（选择 Alt+F3）：将最近装入的编辑窗口的 8 个文件列成一个表让用户选择载入。

New（新文件）：建立一个新文件，默认文件名为 NONAME.C。

Save（存盘 F2）：将编辑区内的文件存盘，若文件名是 NONAME.C，将询问是否更改文件名。

Write to（存盘）：可将编辑区文件另存一个文件名，若该文件已存在，则询问是否覆盖。

Directory（目录）：显示目录及目录中的文件，并可由用户选择。

Change dir（更改目录）：显示当前目录，并可以更改显示的目录。

OS shell（暂时退出）：暂时退出 Turbo C 2.0 到 DOS 提示符下。若想返回，只要在 DOS 状态下输入"EXIT"即可。

Quit（退出 Alt+X）：退出 TC，返回到 DOS 平台。

（2）Edit（编辑）

选择 Edit 命令，回车后，光标就出现在编辑窗口中，这时用户可以进行文本编辑了。与 Edit 有关的功能键和编辑命令如表 2-1 所示。

表 2-1　与 Edit 有关的功能键和编辑命令

功能键/组合键	功能
F1	获得 Turbo C 2.0 编辑命令的帮助信息
F5	扩大编辑窗口到整个屏幕
F6	在编辑窗口与信息窗口之间切换
F10	从编辑窗口转到主菜单
PageUp	向前翻页
PageDn	向后翻页
Home	将光标移到所在行的开始

续表

功能键/组合键	功能
End	将光标移到所在行的末尾
Ctrl+Y	删除光标所在处的一行
Ctrl+T	删除光标所在处的一个词
Ctrl+K+B	设置块开始
Ctrl+K+K	设置块末尾
Ctrl+K+V	块移动
Ctrl+K+C	块复制
Ctrl+K+Y	块删除
Ctrl+K+R	读文件
Ctrl+K+W	存文件
Ctrl+K+P	块文件打印
Ctrl+F1	如果光标所在处为 Turbo C 2.0 库函数，则获得有关函数的帮助信息
Ctrl+Q/[	查找 Turbo C 2.0 双界符的后匹配符
Ctrl+Q/]	查找 Turbo C 2.0 双界符的前匹配符
Ctrl+O/L	自动缩进开关的控制键

（3）Run（运行）

进入 Run 菜单后，可进行如表 2-2 所示操作。

表 2-2　在 Run 菜单中可进行的操作

选项	组合键	功能
Run	Ctrl+F9	运行程序
Program reset	Ctrl+F2	程序重启：中止当前的调试，释放分配给程序的空间
Go to cursor	F4	运行到光标处
Trace into	F7	跟踪到子函数内部执行
Step over	F8	单步执行，但不会跟踪到函数内部
User screen	Alt+F5	显示程序运行时在屏幕上显示的结果

（4）Compile（编译）

按 Alt+C 组合键进入 Compile 菜单后，可进行如表 2-3 所示操作。

表 2-3　在 Compile 菜单中可进行的操作

选项	组合键	功能
Compile to OBJ	Alt+F9	将一个 C 源程序编译成 OBJ 目标文件
Make EXE file		生成一个 EXE 文件
Link EXE file		把当前 OBJ 文件及库文件连接在一起生成 EXE 文件。不检查日期时间
Build all		重新编译项目里的所有文件，并进行装配生成 EXE 文件。不做过时检查
Primary C file		若在此项中指定了主文件后，当在编译或链接时发现了错误，则把此主文件装入编辑窗口
Get info		获得有关当前路径、源文件名、源文件字节大小、编译中的错误数目、可用空间等信息

（5）Project（项目）

按 Alt+P 组合键进入 Project 菜单后，可进行如表 2-4 所示操作。

表 2-4　在 Project 菜单中可进行的操作

选项	功能
Project name	
Break make on	由用户选择 Warning、Error、Fatal Errors 时或 Link 之前退出 Make 编译
Auto dependencies	当开关设置为 on 时，编译时将检查源文件与对应的 OBJ 文件日期和时间，否则不进行检查
Clear Project	清除 Project name 并重置消息窗口
Remove message	清除消息窗口中的错误信息

（6）Option（选择菜单）

按 Alt+O 组合键进入 Option 菜单。此菜单控制着集成环境的工作设置。改变其中的选择项可以改变编译、连接、调试的工作方式。在这个菜单中包含编译、连接、环境、目录、参数、保存任选项、恢复选项等 7 个子菜单。此菜单内容很多，有许多细节，初学者一般并不常使用它们。这里不做介绍，详情请查相应的手册。

（7）Debug（调试）

按 Alt+D 组合键进入 Debug 菜单，该菜单主要用于查错，主要包括如表 2-5 所示内容。

表 2-5　在 Debug 菜单中可进行的操作

选项	功能
Evaluate	其中 Expression 是要计算结果的表达式；Result 是显示表达式的计算结果；New value，赋给新值
Call stack	在 Turbo C 调试时用于检查堆栈情况
Find function	在运行 Turbo C 调试时用于显示的函数
Refresh display	

（8）Break/watch（断点及监视表达式）

按 Alt+B 组合键进入该菜单，主要包括如表 2-6 所示内容。

表 2-6　在 Break/watch 菜单中可进行的操作

选项	功能
Add watch	在监视窗口中插入一个监视表达式
Delete watch	从监视窗口中删除当前的监视表达式
Edit watch	在监视窗口中编辑一个监视表达式
Remove all watches	从监视窗口中删除所有的监视表达式
Toggle breakpoint	对光标所在的行设置或清除断点
Clear all breakpoints	清除所有断点
View next breakpoint	将光标移动到下一个断点处

4）常见错误及调试

程序设计的很大一部分工作在调试中进行。只要程序中有错误，就必须对程序进行调试，以分离错误并校正错误。调试过程通常包括 3 个步骤：发现错误→分离错误→校正错误。

（1）错误的分类

① 语法错误：最容易发现的错误是语法错误。如前所介绍的那些错误，在多数情况下，编译程序能发现错误并分离出来，并指出出错的源程序行号。校正这类错误的方法是编辑出错行，改错后重新编译。

② 程序出错：这是比较严重的一类错误。由于是"逻辑上的"错误，编译程序无法发现，程序虽能执行，但得到的不是正确的运行结果。在这种情况下，程序员必须根据已知的错误，从程序中查找并分离出错误来源。通常，分离错误是调试中的一个关键步骤。

（2）查错和排错

编译能够找出语法和语义错误，但它不能查出程序是否编得恰当以及算法是否正确。当程序可以执行但得不到期望的结果时，为了查出错误，程序员就必须从头到尾仔细地对整个程序进行检查。如果算法是正确的，那么查找错误的过程可以先使用一组检查数据，把已知的数据送入程序，并且把程序划分小块进行处理，直到分离出错误来源为止。把程序划分成多个小块可以通过在程序中放入若干打印语句 printf() 来实现，通过检查一些指定变量的值或中间结果，就可能把出错的原因分离出来。

为避免潜在错误，对程序应使用极限值进行测试。如果有错，根据产生错误的数据源，应查找程序中与数据有关的部分，确定出错原因。

（3）调试的一般原则

编程和调试方法各式各样，因人而异，人们在实践中已找到了一些具有较多优点的方法。在调试方面，逐步检验编程模块被认为是费用最低、时间最省的方法。这种方法的步骤是，在程序开发过程中先建立一个基础的工作程序块，当新的程序块增添到这个单元时，就对它进行检验和调试。使用这种方法，编程者很容易发现错误，因为错误很有可能出现在新增添的程序部分。虽然采用这种方法程序的编制表面上看起来似乎慢了些，但逐步检验能够保证程序在研制过程中每个程序模块的质量。只要程序到了能运行的程度就应试运行一下，并对已完成的部分全面试验一遍。以后，在程序中每增加一个模块，就将新加入的模块同已能运行的部分一起调试一次。这样做可以保证所有的故障都集中在很小的范围内。

（4）调试过程

Turbo C 提供了必要的调试手段和工具，下面按照使用过程予以介绍。

① 让程序执行到中途暂停以便观察阶段性结果

方法一：使程序执行到光标所在的那一行暂停。首先把光标移动到定位行上，按 F4 键或执行 Run | Go to Cursor 命令，当程序执行到该行时将会暂停。如果再定位到后面的某个行，再按 F4 键，程序将从当前暂停点继续执行到新的光标点，第二次暂停。

方法二：把光标所在的那一行设置成断点，然后按 Ctrl+F9 组合键执行，当程序执行到该行时将会暂停。设置断点的方法如下：首先将光标定位到暂停行上，按 Ctrl+F8 组合键或执行 Break | watch 中的 Toggle breakpoint 命令。

注意：不管是光标位置还是断点位置，其所在的程序行必须是程序执行的必经之路，即不应是分支结构中的语句，因为该语句在程序执行中受到条件判断的限制，有可能因为条件不满足而不被执行。这时程序将一直执行到结束位置或下一个断点位置。

② 设置需观察的结果变量

设置程序执行到指定位置时暂停，是为了查看有关的中间结果。按 Ctrl+F7 组合键或执行 Break/watch 中的 Add watch 命令，屏幕上将会弹出小窗口供输入查看变量，如图 2-5 所示。试着输入程序中的变量进行查看。

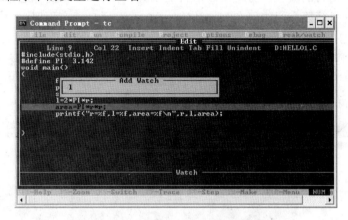

图 2-5　通过 Add Watch 窗口查看变量的值

③ 单步执行

当程序执行到某个位置时发现结果不正确了，说明在此前肯定有错误存在。如果能确定一小段程序可能有错，先按上面步骤暂停在该小段程序的头一行，再输入若干个查看变量，然后单步执行，即一次执行一行语句，逐行检查下来，看看到底是哪一行造成结果出现错误，从而能确定错误的语句并予以纠正。

单步执行按 F8 键，或执行 Run 菜单中的 Step over 命令。如果遇到自定义函数调用，想进入函数进行单步执行，可按 F7 键或执行 Run 菜单中的 Trace into 命令。对不是函数调用的语句来说，F7 键与 F8 键作用相同，但一般对系统函数不要使用 F7 键。

④ 断点的使用

使用断点也可以使程序暂停。但一旦设置断点，不管是否还需要调试程序，每次执行程序都会在断点上暂停。因此调试结束后应取消所定义的断点。方法是先把光标定位到断点所在行，再按 Ctrl+F8 组合键或执行 Break/watch 菜单中的 Toggle breakpoint 命令，该操作是一个开关，第一次按是设置，第二次按则是取消设置。被设置成断点的行将呈红色背景。如果有多个断点想全部取消，可执行 Break/watch 菜单中的 Clear all breakpoints 命令。

断点通常用于调试较长的程序，使用断点可以避免使用 F4 功能键的一个缺点，因为使用 F4 功能键时，经常需要把光标定位到程序的不同地方。而对于长度为上百行的程序，要寻找某一位置并不太方便。

如果一个程序设置了多个断点，按 Ctrl+F9 组合键会暂停在第一个断点，再按一次 Ctrl+F9 组合键会继续执行到第二个断点暂停，依次执行下去。

⑤ 结束调试

Turbo C 中通过"结束程序运行"（Program reset）命令来结束程序调试，通过按 Ctrl+F2 组合键或执行 Run 菜单中的 Program reset 命令来实现。

大家可以拿与本书配套的主教材上的一个带有循环语句的例子按步骤试一下。

3. VC++环境下运行 C 程序

C++语言是在 C 语言的基础上发展而来的，它增加了面向对象的编程，成为当今最流行的一种程序设计语言。Visual C++是微软公司开发的面向 Windows 编程的 C++语言工具，它不仅支持 C++语言的编程，也兼容 C 语言的编程。Visual C++被广泛地应用于各种编程，使用面很广，这里简要介绍如何在 Visual C++ 6.0 下运行 C 语言程序。

1）启动 VC++

（1）双击桌面上的 Visual C++图标，启动 VC++。

（2）单击"开始"菜单，选择"程序"命令，选择"Visual C++"，启动 VC++，VC++窗口如图 2-6 所示。

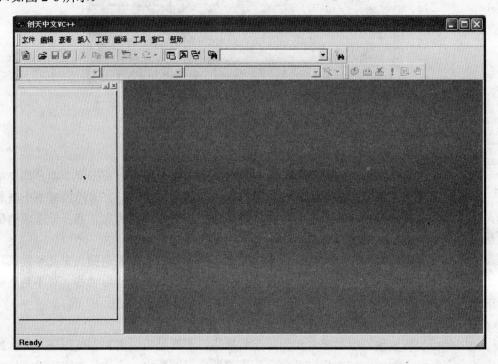

图 2-6 VC++窗口

2）新建/打开 C 程序文件

如果要新建一个 C 程序，则单击"文件"菜单，选择"新建"命令，弹出如图 2-7 所示对话框，选择"C++ Source File"，单击"确定"按钮后，就可在编辑窗口中输入程序。

如果要打开已经存在的 C 程序，则单击"文件"菜单，选择"打开"命令，在弹出的对话框中选择要打开的程序文件。

3）保存程序（"文件|保存"）

启动完 VC++，实际上就可以直接在编辑窗口中输入程序，但此时要注意，当保存文件时，系统将默认以".cpp"扩展名保存，所以此时，需要将程序保存为指定扩展名".c"。

4）执行程序

按 F7 键，或者选择菜单"编译 | 构件"。在编译连接过程中，VC++将保存此程序，

并生成一个同名的工作区。保存文件时一定要注意扩展名指定为 ".c"。

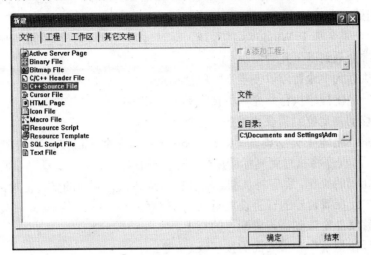

图 2-7   在 VC++中建立 C 源程序文件

如果执行程序没有错误，弹出的信息窗口将显示 "0 error(s)   0 warning(s)"。

有时会有几个警告信息（warning），但不影响程序执行。

假如有致命的错误（error），可双击某行出错信息，程序窗口中会指示对应的出错位置，根据信息窗口的提示分别予以纠正。纠正之后，选择 "编译 | 执行"（或 Ctrl+F5）执行程序。

成功运行之后，VC++将自动弹出数据输入/输出窗口，按任意键将关闭该窗口。

此外，对于编译、连接、执行操作，VC++还提供了一组如图 2-8 所示的工具按钮以方便用户操作。

图 2-8   程序运行的工具按钮

5）关闭程序工作区

当一个程序编译连接后，VC++自动产生相应的工作区，以完成程序的运行和调试。若想执行第二个程序，必须关闭前一个程序的工作区，然后通过新的编译连接，产生第二个程序的工作区，否则运行的将一直是前一个程序。选择菜单 "文件 | 关闭工作区"，然后在弹出的对话框中选择 "否" 按钮。而选择 "是" 按钮将同时关闭源程序窗口。

6）命令行参数处理

VC++是一个基于窗口操作的 C++系统，它没有提供命令行参数功能。若要实现此功能，需要在 Windows 的 "MS-DOS 方式" 窗口中以命令方式实现。具体步骤如下：

首先，将源程序正确编译连接，生成可执行程序（例如 prog.exe）。查看它所在的路径（在 C 源程序同层的 "Debug" 文件夹下）。

单击 "开始" 菜单，选择 "运行" 命令，输入 "command"，然后按 Enter 键。进入 MS-DOS 方式窗口。

在 MS-DOS 窗口中输入"文件名　参数 1　参数 2……"，带参数运行程序。

7）程序调试

VC++是一个完全基于 Windows 的系统，调试过程中可以方便地使用鼠标。在程序的调试过程中，常会遇到以下几种情况：

（1）程序执行到中途暂停以便观察阶段性结果。

操作方法一：使程序执行到光标所在的那一行暂停：

- 将光标移动并定位到需要暂停的所在行上。
- 选择菜单"编译 | 开始调试 | Run to corsor"，或者按 Ctrl+F10 组合键。
- 操作之后，程序将执行到光标所在行暂停。如果此时把光标移动到后面的某个位置，再进行相同的操作，程序将从刚才的暂停点继续执行到新的光标位置，第二次暂停。

操作方法二：在需暂停的行上设置断点：

- 将光标移动并定位到需设置断点的行上。
- 按"编译微型条"中最右面的按钮或 F9 键。

这时，被设置了断点的行前面会有一个红色圆点标志。与 TC 一样，不管是通过光标位置还是断点设置，其所在的程序行必须是程序执行的必经之路，即不应该是分支结构中的语句，因为该语句在程序执行中受到条件的限制，有可能因条件的不满足而不被执行。这时程序将一直执行到结束或下一个断点为止。

（2）设置需观察的结果变量。

将程序执行到指定的位置暂停的目的是为了查看有关的中间结果。如图 2-9 所示，左下角窗口中系统自动显示了有关变量的值。如果还想增加观察变量，可在窗口的右下角的 Name 文本框中输入相应变量名。

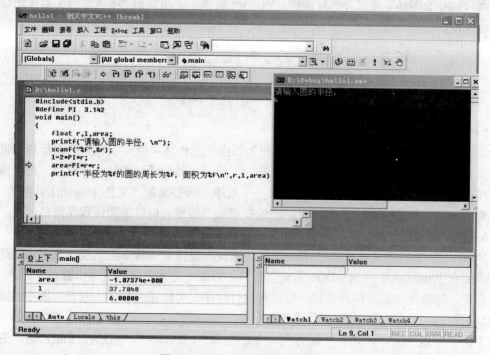

图 2-9　VC++中观察变量值状况

（3）单步执行。

当程序执行到某个位置时发现结果已经不正确了，说明在此之前肯定有错误存在。如果能够确定一小段程序可能有错，先按上面步骤暂停在该小段程序的头一行，再输入若干个查看变量，然后单步执行，即一次执行一行语句，逐行检查下来，看看到底哪一行出现错误，从而能确定错误的语句并予以纠正。

单步执行时单击"调试条"中的 Step Over 按钮或按 F10 键。若遇到自定义函数调用，想进入函数进行单步执行，可单击 Step Into 按钮或按 F11 键。若想结束函数的单步执行，可单击 Step Out 按钮或按 Shift+F11 组合键。对不是函数调用的语句来说，F11 键与 F10 键的作用相同，但一般对系统函数不要按 F11 键。

（4）断点的使用。

使用断点也可以使程序暂停。但一旦设置了断点，不管是否还需要调试程序，每次执行程序都会在断点上暂停，因此调试结束后应取消所定义的断点。操作方法如下：

- 将光标定位到所在行，单击"编译微型条"中最右面的按钮或按 F9 键。
- 如果有多个断点想全部取消，可执行"编辑"菜单中的"断点"命令，屏幕上会出现 Breakpoints 窗口，窗口下方列出了所有断点，单击 Remove All 按钮将取消所有断点。断点通常用于调试较长的程序，这样可以避免使用 Run to Cursor 命令（运行程序到光标处暂停）；或按 Ctrl+F10 组合键时，经常需要把光标定位到不同的地方，而对于长度为上百行的程序，要寻找某一位置并不太方便。
- 如果一个程序设置了多个断点，按一次 Ctrl+F5 组合键会暂停在第一个断点，再按一次 Ctrl+F5 组合键会继续执行到第二个断点暂停……这样依次执行下去。

（5）停止调试。

使用 Debug 菜单的 Stop Debugging 命令或按 Shift+F5 组合键，可以结束调试，回到正常的运行状态。

以上操作只是 VC++ 最基本的操作，其他操作请参考与 Visual C++ 相关的资料。

2.3　上机实践

实践题：简单 C 程序的编辑、编译、链接和运行

实践目的：

- 理解和掌握在 TC 环境下编辑、编译、连接和运行简单 C 程序的方法和过程。
- 通过编辑、编译、链接和运行简单的 C 程序，掌握 C 语言源程序的结构特点，了解 C 语言中常量和变量的简单使用方法（输入、输出和简单计算）。
- 了解简单的 C 程序调试方法。
- 了解 VC 环境下简单 C 程序的编辑、编译、连接、运行过程。

实践学时：2～3 学时。

实践内容和步骤：

（1）查找 TC 安装目录，尝试使用不同的方法启动 Turbo C。

（2）熟悉 Turbo C 集成环境，了解 VC 集成环境的使用方法。

- 练习使用功能键 F10 调用主菜单 File 或同时按 Alt 键+主菜单命令的大写首字母（File、Edit、Run、Compile、Project、Option、Debug）直接进入相应的主菜单项。再用左、右箭头键将一个下拉菜单移到另一个主菜单项。
- 在一个菜单项内，练习用高亮度的大写字母选择一个子菜单项，或使用上、下箭头键移动光标到相应的子菜单项，然后按 Enter 键确认。
- 按 Esc 键退出一层菜单。
- 使用 Alt 键+Enter 键实现屏幕在放大模式和缩小模式之间切换。
- 在任何时候，可以按 F1 键取得当前位置的帮助信息。
- 练习主菜单项 File 下的各个子菜单的使用（Load、Pick、New、Save、Write to、Directory、Change dir、OS shell、Quit）。

选择 File 菜单下的 New 并回车，使窗口变成空白，在编辑窗口中输入如图 2-10 所示的程序。

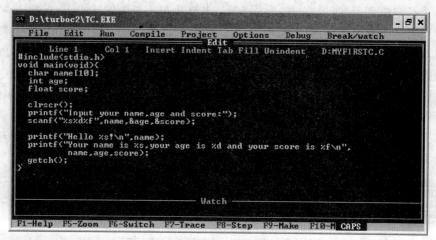

图 2-10　程序

- 使用 File | Save 将其保存在适当的文件夹中，C 源程序命名为 MYFIRSTC.C。
- 使用 Compile | Compile to OBJ 编译 MYFIRSTC.C，观察结果，如图 2-11 所示。

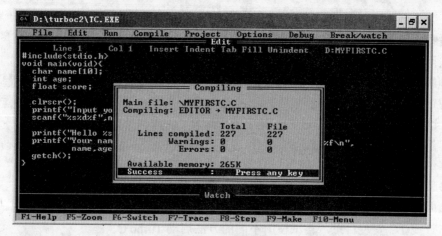

图 2-11　编译结果

- 再使用菜单命令 Compile | Make Exe file 或 Compile | Link Exe file 进行链接，生成可执行程序 MYFIRSTC.EXE，注意观察链接生成执行程序时的窗口信息，如图 2-12 所示。

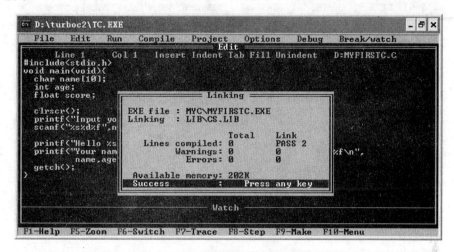

图 2-12　窗口信息

- 用菜单命令 Run 运行上面生成的可执行程序 MYFIRSTC.C，输入你的名字、年龄和成绩，观察程序的运行结果，如图 2-13 所示。

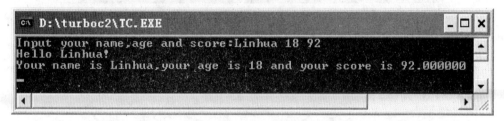

图 2-13　程序运行结果

- 将程序代码中的 getch();去掉（单击 Edit 菜单进入编辑状态），再重新编译、链接和运行，你能直接看到结果吗？没看到不要紧，其实结果已经产生了，TC 在一个"存储输出屏幕"缓冲区中保存输出屏幕的内容，每当用户选择 Run 或 File | OS shell 时，缓存被更新。为了显示该保存的屏幕，可按 Alt+F5 组合键或选择菜单 Run | User screen，就可以再次看到程序运行的结果了。
- 为了使用方便，我们加上 getch();，这是一个函数调用，等待用户输入一个字符，程序才结束。借助这个函数，就可以在输入字符之前看到程序的运行结果了，如图 2-14 所示。再把上面程序中的 clrscr();去掉（没有真正去掉，而是用/* */把它注释掉），重新编译、链接和运行程序，看到的结果与上次的运行结果有什么小小的变化吗？

程序运行的结果如图 2-15 所示。

使用 clrscr()能清理上次的运行结果信息，只保留本次运行的结果信息。否则，将保留上次运行的结果信息。clrscr()函数的功能是清除当前文本窗口。

- 再将上面程序代码中的 char name[10];改成 char name;，重新编译该程序，编译结果如何？

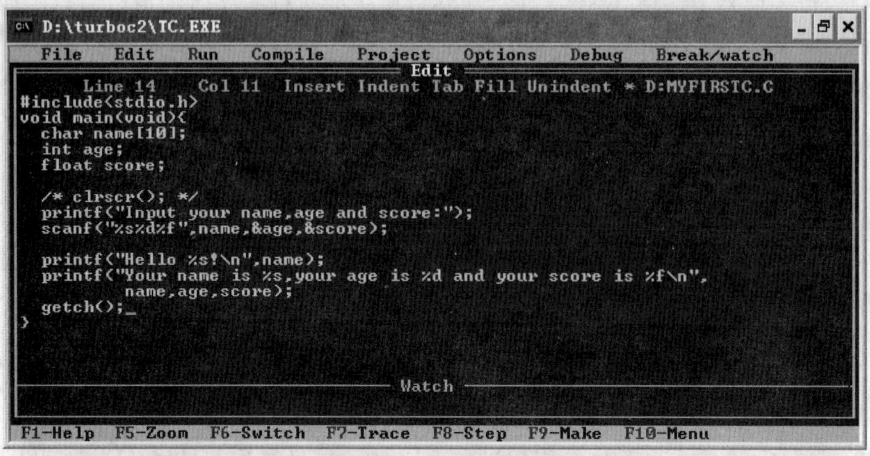

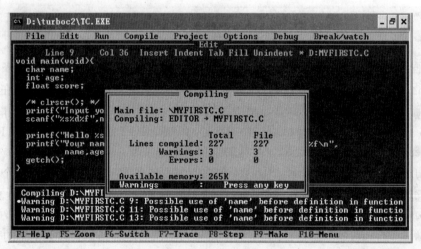

图 2-14   程序运行结果

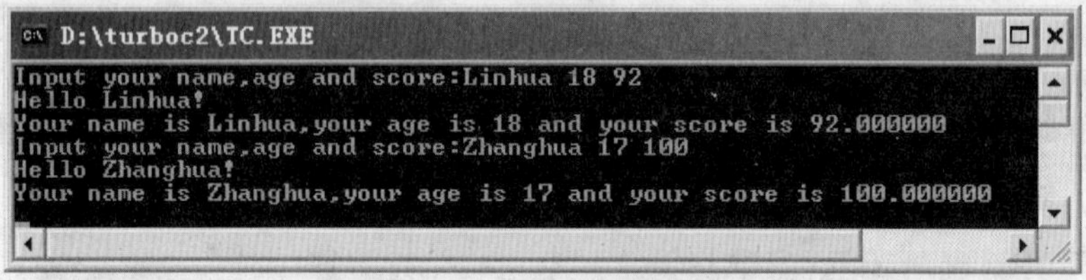

图 2-15   程序运行结果

如图 2-16 所示，产生了编译错误，需观察信息时，在编译窗口按任意键则转入信息（Message）窗口，如图 2-17 所示。

图 2-16   编译结果

这时，信息窗口中有一亮条位于第一个错误（或警告）信息上，指出错误（或警告）在原文件中的位置。用上下光标键移动信息窗口中的亮条，可以观察其他的信息。随着信息窗口亮条的移动，编辑窗口的亮条总是置于源文件产生相应错误（或警告）处。如果信息窗口中的信息较长，超过了窗口长度，可用左右箭头键水平滚动信息。按 F5 键（Zoom）还可放大信息窗口。但是，信息窗口放大后，将看不到编辑窗口，就不能进行跟踪，此时，窗口不再是分割式屏幕模式。

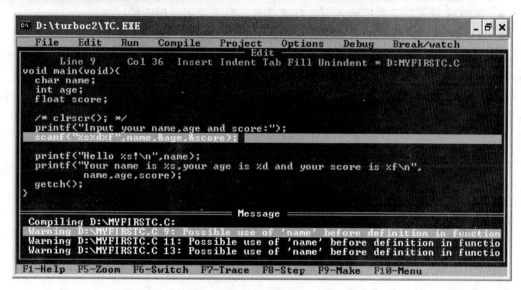

图 2-17　信息（Message）窗口

- 为纠正错误，可将信息窗口的亮条移至第一个错误信息处，按 Enter 键，光标则移至编辑窗口中相应错误的位置上，现在就可以纠正错误了，注意编辑窗口的状态行，如图 2-18 所示。

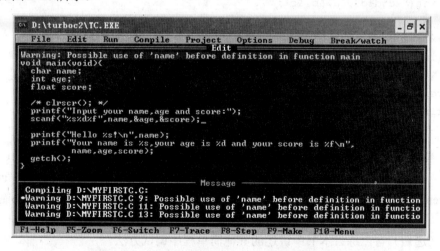

图 2-18　光标移至编辑窗口中相应错误的位置上

- 若源文件不止一个语法错误，有两种方法可继续纠正下面的错误：

（1）按 F6 键返回信息窗口，选择下一个要纠正的错误。

（2）不需要返回信息窗口，只要简单地按 F8 键（下一个错误），编辑程序就把光标置于源文件中对应信息窗口下一个错误的位置上。按 F7 键（前一个错误），则亮条又移回到原先的位置。注意状态行中信息和信息窗口亮条位置之间的关联变化。

- 练习编辑代码时，常用编辑命令的使用。
- 用 File/OS shell 命令暂时退出 TC，再用 exit 命令返回到 TC。
- 在 DOS 提示符下直接输入可执行文件名，也可以运行相应的程序。
- 如果程序出现了死循环，可以用 Ctrl+Break 或 Ctrl+C 组合键强制退出程序。

（3）将本书配套教材第 2 章课后习题的 6~8 题分别输入到 TC 中，尽量找出程序中出现的错误。

（4）分别在 TC 2.0 和 VC 6.0 平台上编辑、编译、链接和运行以下程序，体会不同平台上运行 C 程序的特点。

```c
#include<stdio.h>
int max(int x,int y){
    int z;
    if(x>y) z=x;
    else z=y;
    return z;
}

void main(void){
    int a,b,c,maximum;
    double average;

    printf("Please enter a,b and c:");
    scanf("%d%d%d",&a,&b,&c);

    maximum=max(max(a,b),c);
    printf("maximum=%d\n",maximum);

    average=(a+b+c)/3.0;
    printf("average=%f\n",average);
}
```

（5）将上面程序中的 average=(a+b+c)/3.0; 语句改为 average=1/3*(a+b+c);，验证结果是否正确。再将上面程序中的语句 printf("average=%f\n",average);改为 printf("average=%d\n",average);，结果还正确吗？再去掉上面程序中的#include<stdio.h>，程序还能正常运行吗？

（6）（选做）自己练习本书中讲述的其他简单程序调试方法。

第3章 数据类型、运算符和表达式

基本内容

- C 的基本数据类型及其使用
- 常量和变量的含义与使用
- 各种运算符和表达式
- 运算符的优先级和结合性
- 混合运算中的数据类型转换

重点

- C 的基本数据类型
- 各种类型的常量和变量
- 常见的运算符及其构成的表达式
- 运算符的优先级和结合性

难点

- 运算符的优先级和结合性
- 混合运算中的数据类型转换

3.1 学习指导

3.1.1 C 语言的数据类型

在 C 语言中，数据类型可分为基本数据类型、构造数据类型、指针类型和空类型四大类。各类型的特点如下：

（1）基本数据类型最主要的特点是其值不可以再分解为其他类型。

（2）一个构造类型的值可以分解成若干个"成员"或"元素"，每个"成员"都是一个基本数据类型或一个构造类型，在 C 语言中构造类型包括数组类型、结构类型及联合类型。

（3）指针类型是一种特殊的数据类型，其作用非常重要，其值是用来表示某个变量在内存储器中的地址的。

（4）调用函数时，通常应向调用者返回一个某种类型的函数值，但也有一些函数不需要返回任何函数值，这种函数就定义为"空类型"（void）。

C 语言的数据类型分类如图 3-1 所示。

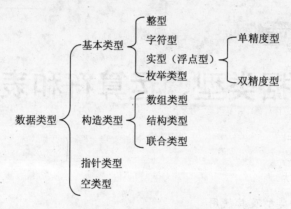

图 3-1　数据类型的分类

C 语言中数据有常量和变量之分，它们分别属于这些类型。由这些类型还可以构成更复杂的数据结构。例如，用指针和结构体可以构成表、树、图、栈、队列等复杂的数据结构。

在程序中，所用到的数据都必须指定其数据类型。

3.1.2　常量和变量

对基本数据类型，按其值是否可改变，可分为常量和变量两种。按与数据类型结合进行分类，可以分为整型常量和整型变量、浮点型常量和浮点型变量、字符常量和字符变量、枚举常量和枚举变量等。

在程序中，常量是可以不经说明而直接使用的，而变量则必须先说明后使用。

有关常量和变量的详细介绍请参看本书配套教材中的说明，在此不再阐述。

3.1.3　C 的运算符和表达式

C 语言具有丰富的运算符和表达式，运算符具有不同的优先级和结合性。因此，在表达式求值时，不但要考虑运算符的优先级，还要考虑其结合性。

C 语言的运算符范围很宽，把除控制语句和输入输出以外的几乎所有的基本操作都作为运算符处理，如把运算符"="作为赋值运算符，方括号作为下标运算符，等等。C 语言的运算符可以分为以下几类：

（1）算术运算符：+、-、*、/、%。

（2）关系运算符：>、<、==、>=、<=、!=。

（3）逻辑运算符：!、&&、||。

（4）位运算符：<<、>>、~、|、^、&。

（5）赋值运算符：=（及其扩展赋值运算符，如+=等）。

（6）条件运算符：?、:。

（7）逗号运算符：,。

（8）指针运算符：*、&。

（9）求字节运算符：sizeof。

（10）强制类型转换运算符：(类型)。

（11）分量运算符：.、->。

（12）下标运算符：[ ]。

（13）其他：如函数调用运算符( )。

在 C 语言中，运算符的优先级一共分为 15 级，1 级最高，15 级最低。在表达式中，优先级高的优先于优先级低的进行运算。而在一个操作数两侧的运算符优先级相同时，则按运算符的结合性所规定的结合方向处理。

有关运算符的优先级和结合性如表 3-1 所示。

表 3-1　有关运算符的优先级和结合性

优先级	运算符	含义	运算对象个数	结合方向
1	()	圆括号		自左至右
	[]	下标运算符		
	->	指向结构体成员运算符		
	.	结构体成员运算符		
2	!	逻辑运算符	1	自右至左
	~	按位取反运算符	（单目运算符）	
	++	自增运算符		
	--	自减运算符		
	-	负号运算符		
	(类型)	类型转换运算符		
	*	指针运算符		
	&	取地址运算符		
	sizeof	长度运算符		
3	*	乘法运算符	2	自左至右
	/	除法运算符	（双目运算符）	
	%	求余运算符		
4	+	加法运算符	2	自左至右
	-	减法运算符	（双目运算符）	
5	<<	左移运算符	2	自左至右
	>>	右移运算符	（双目运算符）	
6	<=	小于等于运算符	2	自左至右
	>=	大于等于运算符	（双目运算符）	
7	==	等于运算符	2	自左至右
	!=	不等于运算符	（双目运算符）	
8	&	按位与运算符	2（双目运算符）	自左至右
9	|	按位或运算符	2（双目运算符）	自左至右
10	^	按位异或运算符	2（双目运算符）	自左至右

续表

优先级	运算符	含义	运算对象个数	结合方向
11	&&	逻辑与运算符	2（双目运算符）	自左至右
12	||	逻辑或运算符	2（双目运算符）	自左至右
13	?:	条件运算符	3（三目运算符）	自左至右
14	=　+=　-=	赋值运算符	2	自右至左
	*=　/=　%=		（双目运算符）	
	>>=　<<=　&=			
	^=　|=			
15	,	逗号运算符		自左至右

对于运算符的优先级以及结合方向，一般要求是常用的运算符要熟练掌握。如果在运算的时候不知道优先级和结合性的话，可以用加括号的方法来处理，因为括号里面的总是要优先运算的。例如 a>b&&c<d，如果读者不记得关系运算符与逻辑运算符的优先顺序，而读者的意思是按(a>b)&&(c<d)进行运算，那就用括号括起来。不要觉得用括号的代码不够简洁、不够美观，因为程序的正确性才是第一位的，代码再漂亮、再整洁，如果是错的，那就一文不值了，特别是在考试的时候。

对于这些要记的知识点，有时候刻意去记是比较难的，读者平时要注意多调试程序，熟能生巧，调试程序多了之后，很多小的细节才能理解得清楚，记得牢固。

其他关于表达式的求值以及表达式求值过程中的类型转换，请大家参考本书配套教材。这些内容关键在于理解，不要死记硬背。

3.2　例题分析和思考题

1. 执行语句"f=(3.0,4.0,5.1),(1,0,2.0)"后，整型变量 f 的值为（　　　）。

　　A. 5.1　　　　　　B. 5　　　　　　C. 0　　　　　　D. 2

解： 逗号运算符运算级别低于赋值号，故此语句是一个逗句表达式。逗号表达式的第一个成分是赋值表达式，其值是 5.1，赋值给整型变量 f，f 的值是 5；最后整个表达式的值是 2.0。答案是 B。

2. 下列数据不属于常量的是（　　　）。

　　A. 123L　　　　　　B. 193　　　　　　C. "12.3L"　　　　D. 12.3

解： A 是长整型。B 本想表示一个八进制形式的整型常量，但其中出现了 9 这个不在八进制记数码中的字符，所以错误。C 是一个字符串常量。D 是实型常量。答案是 B。

3. 设 x、y、z 均是整型变量，其值分别为 1、2、3，则能正确表示数学式 1/(1*2*3) 的表达式是（　　　）。

　　A. 1/(x*y*z)　　　B. 1/x*y*z　　　C. 1.0/x*y*z　　　D. 1.0/(x*y*z)

解： 数学式的真实值为 1/6，是个实数，所以只有 D 符合。答案为 D。注意运算符"/"的特性（两个整数相"/"，结果为整数）。

4. 关于表达式"2>1>0 ?3>2>1 :4>3>2 ?5>4>3 :6>5>4"的准确说法是（　　　）。

A．语法出错　　　　　　　　　　B．表达式值为非 0

C．表达式值为 1　　　　　　　　D．表达式值为 0

解：此表达式是个条件表达式，按照条件运算符和关系运算符的优先级来说，整个表达式相当于"(2>1>0)？(3>2>1)：((4>3>2)？(5>4>3)：(6>5>4))"，所以表达式语法没问题。接着依照表达式求值顺序：(4>3>2)的结果是((4>3)>2)=>(1>2)=>0，则(4>3>2)？(5>4>3)：(6>5>4)的值为(6>5>4)的值 0，再计算(2>1>0)？(3>2>1):0，其中(2>1>0)的值为 1，所以表达式的值为(3>2>1)的值 0。最终整个表达式的值为 0。答案是 D。

5．设字符型变量 ch 中存放的字符是 'A'，则执行"ch+++2"后，ch 中的字符是＿＿＿＿＿。

分析：按照多个运算符结合在一起时的确认规则"自左向右选择尽可能多的合法运算符"来看，表达式"ch+++2"相当于"(ch++)+2"，则相当于是执行"65+2"，结果为 67，运算符++的副作用使变量 ch 值为 66（字符'B'）。所以答案是 B。

6．设整型变量 x 的值为 100，则表达式"(x&50)&&(!100&&100)"的值为＿＿＿＿＿＿＿。

分析：本题不需对 x&50 进行计算，观察一下，可以看到!100 值为 0，则(!100&&100)值也为 0，所以不管 x&50 值是什么，结果都是 0。答案是 0。

7．字符串"\\012\012"中，有＿＿＿＿＿＿＿个字符（即字符串的长度）。

分析：在字符串中 '\\' 是一个转义字符，'0'、'1'、'2' 分别是单个字符；'\012' 是一个八进制数形式的转义字符，所以此字符串中共有 5 个字符，占内存 6 个字节。答案为 5。

8．写出下列代数式对应的 C 表达式。

（1）$\frac{1}{2}(a+b+c)+\sqrt{a^2+b^2}+\sqrt[3]{a^3+b\times a^2}$

解：（a+b+c）/2.0+sqrt(a*a+b*b)+pow(a*a*a+b*a*a),1/3.0)

（2）$\sqrt{|b^2-4\times a\times c|}+1.27\times e^5+1.22\times10^{1.2}+\sin x+e^{x+y}$

解：sqrt(fabs(b*b−4*a*c))+1.27*exp(5)+1.22*pow(10,1.2)+sin(x)+exp(x+y)

9．有如下变量说明：

```
char  ch;
int i;
float f;
double d,result;
```

试分析语句 result=(ch/i)+(f*d)−(f+d);中数据类型的转换过程。

解：其转换过程为：(ch/i)转换成 int；(f*d)转换成 double；(f+d)转换成 double；接着(ch/i)+(f*d)转换成 double；最终结果是 double 型。

思考：按运算符优先级、结合性和类型转换等规则，求以下表达式的值，并指明值的类型。

设 int a=3,b=−4,c=5,d; float x=2.5,y=4.0；求表达式的值。

（1）a/c+x/c+a%3*(int)(x+y)

（2）10+'A'−'/017'−2/3*5

（3）(b<c)+(b !=c)||(a+b)&&(b–c)

（4）a+=a–=(int)pow10(1)+1

（5）d=–b>>2&01000010

3.3　上机实践

实践题：基本数据类型、运算符和表达式的使用

实践目的：

- 理解和掌握 C 语言中基本数据类型数据（常量和变量）的使用方法。
- 理解和掌握算术运算符、赋值运算符及其构成的算术表达式和赋值表达式的使用。
- 理解和掌握关系运算符及其构成的关系表达式的使用。
- 理解和掌握逻辑运算符及其构成的逻辑表达式的使用。
- 理解和掌握条件运算符及其构成的条件表达式的使用。
- 理解和掌握 sizeof 运算符的使用。
- 理解和掌握强制类型转换的使用方法。
- 理解和掌握自增和自减运算符的使用。
- 理解和掌握数据在内存中的存储格式以及不同类型数据的相互赋值及其转换。
- 理解和掌握位运算符的基本使用。

实践参考学时：4 学时。

实践内容和步骤：

（1）在程序中使用基本数据类型的常量和变量。

输入下面的程序，输入某学生的姓名、年龄、性别以及 3 门课程的成绩，计算成绩的平均分并输出。

```c
#include<stdio.h>
#define N 3   /* 符号常量 */
void main(void){
    char name[10];   /* 姓名 */
    int age;         /* 年龄 */
    char sex;        /* 性别,男性时，变量值为'M'；女性时，变量值为'F' */
    float maths,english,computer;   /* 存储 3 门课程的成绩 */
    double average;                 /* 存储 3 门课程的平均成绩 */

    printf("Please enter your name,age and sex:");
    scanf("%s%d%c",name,&age,&sex); /* 输入姓名、年龄和性别 */

    printf("Please enter your scores(maths,english and computer):");
    scanf("%f%f%f",&maths,&english,&computer); /* 输入 3 门课程的成绩 */

    average=(maths+english+computer)/N;           /* 平均成绩的计算 */
```

```
    printf("name=%s,age=%d,sex=%c\nmaths=%f,english=%f,computer=%f,average=
    %f\n",name,age,sex,maths,english,computer,average);  /* 输出各信息 */
}
```

编译、链接和运行程序，观察程序的结果。

注意：输入性别时，代表性别的字母（F-female，M-male）输入时要紧跟年龄之后（中间不要加空格），否则结果就不对了。

程序运行结果如图 3-2 所示。

图 3-2　程序运行结果

将上面程序中的#define N 3 改成 const int N=3;，重新运行程序。

再将 const int N=3;改成 int N=3;，重新运行程序。

将程序中的 float maths,english,computer; 改成 int maths,english,computer;，观察程序的运行结果是否正确。接着再将 scanf("%f%f%f",&maths,&english,&computer); 改成 scanf("%d%d%d",&maths,&english,&computer);，将 printf("name=%s,age=%d,sex=%c\ nmaths=%f,english=%f,computer=%f, average=%f\n",name,age,sex,maths,english,computer,average); 改成 printf("name=%s,age=%d,sex=%c\nmaths=%d,english=%d,computer=%d, average=%f\n",name,age,sex,maths,english,computer,average);，观察程序的运行结果是否正确，如图 3-3 所示。

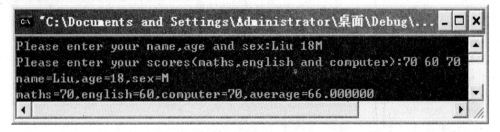

图 3-3　程序运行结果

发现结果不正确，分析问题的原因并给出解决问题的可能办法。

（2）在程序中使用关系运算符和关系表达式。

再将程序修改如下，求 3 门课程的最高分并输出。

```
#include<stdio.h>
#define N 3
void main(void){
    char name[10];
    int age;
```

```
    char sex;
    float maths,english,computer;
    float maxscore;

    printf("Please enter your name,age and sex:");
    scanf("%s%d%c",name,&age,&sex);

    printf("Please enter your scores(maths,english and computer):");
    scanf("%f%f%f",&maths,&english,&computer);

    maxscore=maths;
    if(english>maxscore)              /* 关系表达式 */
            maxscore=english;
    if(computer>maxscore)             /* 关系表达式 */
            maxscore=computer;
    printf("name=%s,age=%d,sex=%c\nmaths=%f,english=%f,computer=%f,
            maxsocre=%f\n",name,age,sex,maths,english,computer,maxscore);
}
```

观察程序的运行结果，如图 3-4 所示。

```
C:\ "C:\Documents and Settings\Administrator\桌面\Debug\Cpp1.exe"    _ □ ×
Please enter your name,age and sex:Liu 18M
Please enter your scores(maths,english and computer):70 80 90
name=Liu,age=18,sex=M
maths=70.000000,english=80.000000,computer=90.000000,maxsocre=90.000000
Press any key to continue
```

图 3-4   程序运行结果

类似地，如果要输出 3 门课程的最低分数值，请自己修改程序完成之。

（3）在程序中使用逻辑运算符和逻辑表达式。

再将程序修改如下，如果 3 门课程的得分都大于等于 90，则给出优秀的提示信息。

```
#include<stdio.h>
#define N 3
void main(void){
    char name[10];
    int age;
    char sex;
    float maths,english,computer;

    printf("Please enter your name,age and sex:");
    scanf("%s%d%c",name,&age,&sex);

    printf("Please enter your scores(maths,english and computer):");
```

```
    scanf("%f%f%f",&maths,&english,&computer);

    /* 关系表达式和逻辑表达式的使用 */
    if( maths>=90&&english>=90&&computer>=90 )
        printf("You are excellent!\n");
    else
        printf("You should study hard!\n");
    printf("name=%s,age=%d,sex=%c\nmaths=%f,english=%f,computer=%f\n",
        name,age,sex,maths,english,computer);
}
```

注意关系运算符和逻辑运算符的优先级，程序运行结果如图 3-5 所示。

图 3-5　程序运行结果

（4）在程序中使用条件运算符和条件表达式。

再将上面程序中的逻辑表达式改成条件表达式，实现同样的功能。

```
#include<stdio.h>
#define N 3
void main(void){
    char name[10];
    int age;
    char sex;
    float maths,english,computer;

    printf("Please enter your name,age and sex:");
    scanf("%s%d%c",name,&age,&sex);

    printf("Please enter your scores(maths,english and computer):");
    scanf("%f%f%f",&maths,&english,&computer);

    /* 注意以下条件运算符 ？: 的使用 */
    (maths>=90&&english>=90&&computer>=90) ? printf("You are excellent!\n")
                                :printf("You should study hard!\n");
    printf("name=%s,age=%d,sex=%c\nmaths=%f,english=%f,computer=%f\n",
        name,age,sex,maths,english,computer);
}
```

（5）在程序中使用逗号运算符和逗号表达式。

再将上面程序中的最后输出改用逗号表达式实现，程序修改如下：

```c
#include<stdio.h>
#define N 3
void main(void){
    char name[10];
    int age;
    char sex;
    float maths,english,computer;

    printf("Please enter your name,age and sex:");
    scanf("%s%d%c",name,&age,&sex);

    printf("Please enter your scores(maths,english and computer):");
    scanf("%f%f%f",&maths,&english,&computer);

    (maths>=90&&english>=90&&computer>=90) ?
    printf("You are excellent!\n"):printf("You should study hard!\n");
    /* 注意下面逗号表达式的使用 */
    printf("name=%s,age=%d,sex=%c\n",name,age,sex),   /* 是逗号不是分号！*/
    printf("maths=%f,english=%f,computer=%f\n",maths,english,computer);
}
```

程序运行结果如图 3-6 所示。

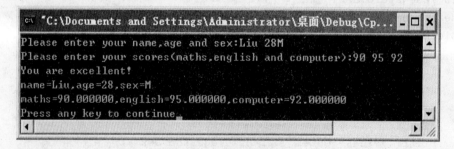

图 3-6 程序运行结果

（6）在程序中使用 sizeof 运算符。

将上面的程序修改如下，在程序中使用 sizeof 运算符，观察程序的运行结果。

```c
#include<stdio.h>
void main(void){
    char name[10];
    int age;
    char sex;
    float maths,english,computer;
```

```
printf("Please enter your name,age and sex:");
scanf("%s%d%c",name,&age,&sex);

printf("Please enter your scores(maths,english and computer):");
scanf("%f%f%f",&maths,&english,&computer);
/* 分析以下 sizeof 表达式值的含义 */
printf("sizeof(int)=%d\n",sizeof(int));
printf("sizeof(float)=%d\n",sizeof(float));
printf("sizeof(maths+english+computer)=%d\n",sizeof(maths+english+
computer));
printf("sizeof(name)=%d\n",sizeof(name));

printf("name=%s,age=%d,sex=%c\n",name,age,sex),
printf("maths=%f,english=%f,computer=%f\n",maths,english,computer);
getch();
}
```

在 TC 上，程序运行结果如图 3-7 所示。

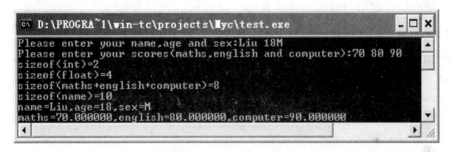

图 3-7　程序运行结果

在 VC 上，程序运行结果如图 3-8 所示。

图 3-8　程序运行结果

请大家注意，在不同的平台上，运行结果有所不同。如 size(int)在 TC 中值为 2，而在 VC 中值为 4；sizeof(maths+english+computer)的值在 TC 中为 8，而在 VC 中为 4。即几个 float 类型的数据进行运算，结果值的类型为 double 类型或 float 类型。因此，在学习隐式类型转换的时候，不要死记硬背（规则太多太繁，还与具体的编译器有关），只要理解，一句话，自己上机验证才是最好的方法。

（7）在程序中使用强制类型转换运算符。

将上面程序中的表达式 sizeof(maths+english+computer)改成 sizeof((double)(maths+english+computer))后，再观察程序的运行结果，如图 3-9 所示。

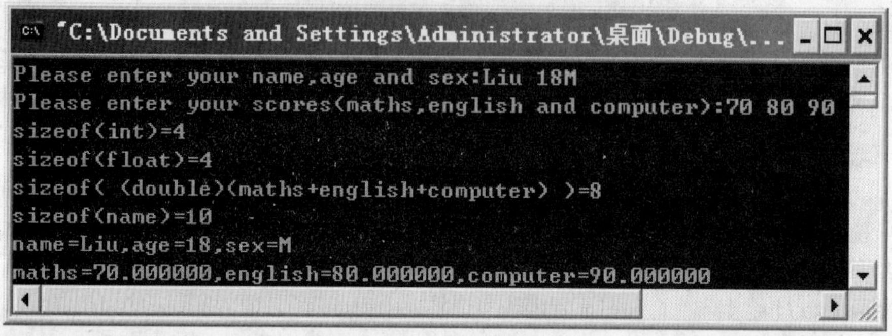

```
C:\ "C:\Documents and Settings\Administrator\桌面\Debug\...    _ □ ×
Please enter your name,age and sex:Liu 18M
Please enter your scores(maths,english and computer):70 80 90
sizeof(int)=4
sizeof(float)=4
sizeof( (double)(maths+english+computer) )=8
sizeof(name)=10
name=Liu,age=18,sex=M
maths=70.000000,english=80.000000,computer=90.000000
```

图 3-9　程序运行结果

（8）在程序中使用自增和自减运算符。

输入以下程序，分析程序的运行结果。

```c
#include<stdio.h>
void main(void){
    int a=5,b=10,c=20;
    printf("%d\n",a++);
    printf("%d\n",a);

    printf("%d\n",++b);
    printf("%d\n",b);

    printf("%d,%d\n",c,c++);
}
```

在 TC 上的程序运行结果如图 3-10 所示。

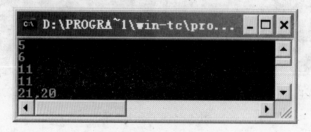

```
C:\ D:\PROGRA~1\win-tc\pro...    _ □ ×
5
6
11
11
21,20
```

图 3-10　程序运行结果

在 VC 上的程序运行结果如图 3-11 所示。

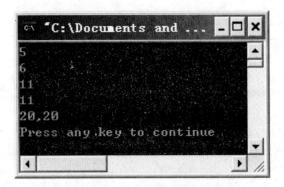

图 3-11　程序运行结果

注意最后一个输出结果，在不同的编译器上是不相同的。

（9）在程序中使用赋值运算符实现不同数据类型的自动转换和赋值。

输入以下程序，分析程序的输出结果。

```c
#include<stdio.h>
void main(void){
  int i=+32767;
  char ch='\x61';                /* 转义字符的使用 */
  float f=3.5f;
  double d=3.14;

  printf("----------------\n");
  printf("i=%d\n",i);
  printf("i=%x\n",i);            /* 按十六进制形式输出 */
  i++;                           /* 最大正整数的上溢 */
  printf("i=%d\n",i);
  printf("----------------\n");

  i=-32768;
  printf("i=%d\n",i);
  printf("i=%u\n",i);            /* 按无符号整数形式输出 */

  --i;                           /* 最小负整数下溢 */
  printf("i=%d\n",i);
  printf("----------------\n");

  i=ch;
  printf("i=%d\n",i);
  printf("i=%c\n",i);            /* 以字符形式输出整数 */
  printf("----------------\n");

  i=f;                           /* 长类型数据赋值给短类型变量，产生"截取" */
  printf("i=%d\n",i);
```

```
    printf("----------------\n");

    f=100+50;        /* 短类型数据赋值给长类型变量，自动转换 */
    printf("i=%f\n",f);

    i=d;
    printf("i=%d\n",i);
    printf("----------------\n");
}
```

（10）（选做）自己设计程序，在程序中使用位运算符。

第 **4** 章

顺序结构程序设计

基本内容

- C 语言的语句
- 字符输入函数和字符输出函数
- 格式化的输入和输出函数
- 顺序结构的 C 程序设计

重点

- 各种基本语句的特点和功能
- 字符输入函数 getchar()和输出函数 putchar()
- 格式化输入函数 scanf()和输出函数 printf()
- 顺序结构的 C 程序设计

难点

- 各种基本语句的特点和功能
- 字符输入函数 getchar()和输出函数 putchar()
- 格式化输入函数 scanf()和输出函数 printf()
- 顺序结构的 C 程序设计

4.1 学习指导

4.1.1 C 语言的语句

C 语言用语句来向计算机系统发出操作指令，语句经编译后产生若干条机器指令，机器指令可以由处理器直接执行。

C 语言的语句可以分为以下 5 类：

（1）控制语句：C 语言有 9 种控制语句，用来完成一定的控制功能。

（2）函数调用语句：由一个函数调用加一个分号构成一个语句。

（3）表达式语句：由一个表达式构成一个语句，如赋值表达式等。

（4）空语句：它只有一个分号，什么也不做，有时用来做循环语句中的循环体。

（5）复合语句：由{}把一些语句括起来组成，又称为分程序。

4.1.2　输入和输出操作

C 语言本身不提供输入输出语句,输入和输出的操作都是由函数来实现的。在 C 语言的标准库中提供了一些输入输出函数,以供调用来实现输入输出的功能。C 语言的输入及输出语句以库的形式存放在系统中,它们不是 C 语言的组成部分。

在使用 C 语言库函数时,要用预编译命令#include 将有关的"头文件"包括到用户源文件中。在调用标准输入输出库函数时,文件开头应有以下的预编译命令:

```
#include<stdio.h> 或 #include"stdio.h"
```

考虑到 printf 和 scanf 函数使用频繁,系统允许在使用这两个函数时不加#include 命令。

1. 字符数据的输入输出

C 标准 I/O 函数库中最简单、最常用的字符输入输出函数是 putchar()和 getchar()。

(1) putchar 函数的作用是向终端(标准输出设备)输出一个字符。其函数原型为:

```
int putchar(int ch);
```

其中 ch 为需要写入标准输出设备的字符 ASCII 码。

例如:

```
putchar('$');
char ch='\081'; putchar(ch);
putchar(97);
```

与 putchar 实现类似功能的函数还有 putc 和 putch 等。

● putc 函数的功能是:输出一个字符到指定流中。

函数原型:

```
int putc(int ch, FILE* stream);
```

写入成功时,函数返回字符 ch 的 ASCII 码;写入失败时,函数返回 EOF。

● putch 函数的功能是:将一个字符输出到当前文本窗口。

函数原型:

```
int putch(int ch);
```

输出成功时,函数返回输出的字符值 ch;输出失败时,函数返回 EOF。

(2) getchar 函数的作用是由终端(标准输入设备)输入一个字符。其函数原型为:

```
int getchar(void);
```

读入成功时,返回读入字符的 ASCII 码;读入失败时,返回 EOF。

例如:

```
int character;
character=getchar();
```

与 getchar 实现类似功能的函数还有 getc、getch 和 getche 等。

- getc 函数的功能是：从流文件中读一个字符。

函数原型：

```
int getc(FILE *stream);
```

其中，stream 是流文件指针，通常由 fopen 函数返回。

读出成功时，返回读出字符的 ASCII 码；读出失败或文件指针已经到末尾时，返回 EOF。因此，getchar 可以看做是 getc 函数的特定应用 getc(stdin)。

- getch 函数的功能是：从键盘上读入一个字符，字符不回显。

函数原型：

```
int getch(void);   /* <conio.h> */
```

返回从键盘上读入字符值。

例如：

```
int ch; ch=getch();
```

与 getchar 函数不同的是，getch 函数只需要用户按下一个有实际意义的键就立刻返回。而 getchar 函数则需要等到用户按回车才会返回。实际上，使用 getchar 函数要么在缓冲区产生一个单独的回车符，要么产生更多的输入字符（例如，用户输入"abcdefg"加回车，实际读入的是 'a'，但"bcdefg"和回车这 7 个字符同样被送到了缓冲区）。

- getche 函数的功能是：从键盘上读入一个字符，字符回显。

函数原型：

```
int getche(void);   /* <conio.h> */
```

返回从键盘上读入字符值。

例如：

```
int ch; ch=getch();
```

2．printf 函数（格式化输出函数）

printf 函数的作用是向终端输出若干个任意类型的数据，它的一般格式为：

```
printf(控制格式,输出列表)
```

如：

```
int i=10; char ch='a'; double d=3.14;
printf("%d,%c,%f\n",i,ch,d);
```

printf 函数的格式控制很灵活，这里不具体讲解，读者可以参考本书配套教材。

3．scanf 函数（格式化输入函数）

scanf 函数的作用是由终端输入若干个任意类型的数据，它的一般格式为：

```
scanf(控制格式,输出列表)
```

如：

```
int i; char ch; double d;
scanf("%d%c%lf\n",&i,&ch,&d);
```

要注意的是，函数中输入列表中的应该是变量地址，而不是变量名，这一点是 C 语言和其他语言的不同之处，也是初学者经常犯错的地方。

例如，编写程序输入三角形的三边长，求其周长和面积。

分析：我们用 3 个变量 a、b 和 c 存储三角形的三边，用 circle 和 area 存储计算的周长和面积。$circle = a+b+c$，$area = \sqrt{t(t-a)(t-b)(t-c)}$，其中 $t = \frac{1}{2}(a+b+c)$。

程序设计如下：

```c
#include<stdio.h>
#include<math.h>
#include<stdlib.h>
void main(void){
    float a,b,c;
    double circle,area,t;

    printf("Input a,b and c:");
    scanf("%f%f%f",&a,&b,&c);

    if(!(a+b>c&&b+c>a&&a+c>b)){   /* 三边不能构成三角形 */
        printf("ilegal a,b and c!\n");
        exit(1);   /* 退出程序，定义在<stdlib.h> */
    }

    circle=a+b+c;
    t=circle/2;
    area=sqrt(t*(t-a)*(t-b)*(t-c)); /* sqrt(x):求 x 平方根的数学函数,定义在
                                       <math.h> */

    printf("Circle of triangle is %-8.3f\n",circle);   /* 注意控制格式的使用 */
    printf("Area of triangle is %-8.3f\n",area);
}
```

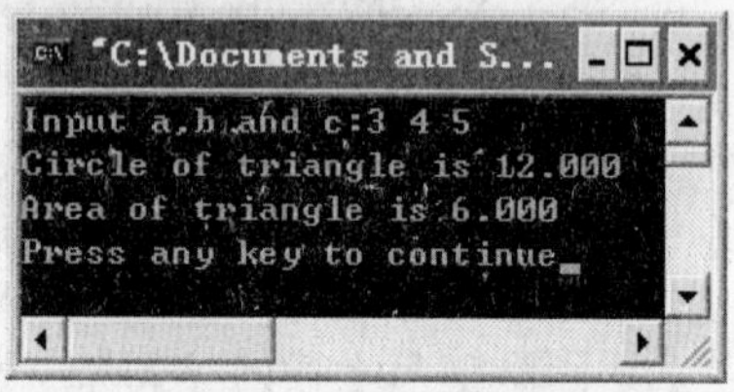

图 4-1　程序运行结果

程序运行结果如图 4-1 所示。

4.2　例题分析和思考题

1. 有以下程序，选择程序的运行结果。

```c
#include<stdio.h>
void main(void){
    int i=8;
    printf("%d,%d,%d,%d,%d",++i,--i,i--,i++,-i--);
}
```

执行结果是（　　）。

A. 7, 6, 8, 7, –8　　　　　　B. 9, 8, 8, 7, –8

C. 9, 8, 7, 8, –7　　　　　　D. 7, 6, 7, 8, –7

解：printf 函数对输出列表中各量的求值顺序是自右至左进行的。程序中，先对最后一项–i––求值，结果为–8，然后 i 自减 1 后为 7。i++的结果是 7，然后 i 自增 1 后为 8。再对 i––项求值得 8，i 自减后为 7。再求––i 得 6。最后输出++i，此时 i 自增 1 后输出 7。但是必须注意，求值顺序虽是自右至左，但是输出顺序还是从左至右，因此得到的结果是 A。

2. 执行输入语句 scanf("x=%c,y=%d",&x,&y);，要使字符型变量 x 的值为 'A'，整型变量 y 的值是 12，则从键盘上正确的输入是（   ）。

 A. 'A'✓   B. A✓   C. x=A✓   D. x=A,y=12✓
  12✓   12✓   12✓   y=12✓

解：输入语句中 "x= "、"y=" 都是非格式控制符，在输入时必须原样、原位置输入，所以只有选 D。

3. 给出下列程序的运行结果。

```
#include<stdio.h>
void main(void){
    int x,y ;
    y=(x=32767,x+1) ;
    printf("x=%d, x=%x\n ",x,x);
    printf("y=%d,y=%u,y=%x\n",y,y,y);
}
```

4. 两次运行下面程序，第一次从键盘上输入数字 6，第二次输入数字 4，则结果分别是什么？

```
#include<stdio.h>
void main(void){
    int x ;
    scanf("%d", &x);
    (x++>5)?printf("%d\n",x):printf("%d\n",x--);
}
```

5. 执行下面程序，变量 b 的值是多少?

```
#include<stdio.h>
void main(void){
    int x=36 ;
    char c='A'
    int b;
    b=((x&15)&&(c<'a'));
    printf("%d\n",b);
}
```

4.3 上机实践

实践题：C 的顺序结构程序设计
实践目的：
- 理解和掌握各种基本数据类型数据的输入和输出。

- 理解和掌握 C 的顺序结构程序设计方法。
- 了解 C 程序的简单调试方法。
- 熟悉顺序结构程序设计的方法和程序执行的流程。

实践学时：2 学时。

实践内容和步骤：

（1）输入如下程序，分析各种基本数据类型变量的输入和输出，以及程序的运行结果。

```c
#include<stdio.h>
void main(void){

    int IntVariable;
    float FloatVariable;
    double DoubleVariable;
    long double LDVariable;
    char Ch;

    /* input and output of char type data */
    puts("input a char to Ch:");
    Ch=getchar();
    putchar(Ch);

    /* input and output of integer type data */
    printf("\ninput an integer to IntVariable:");
    scanf("%o",&IntVariable);                /* Input Octal int data */
    printf("IntVariable=%d\n",IntVariable);/* Output decimal int data */

    /* input and output of float type data */
    printf("input a float to FloatVariable:");
    scanf("%f",&FloatVariable);                /* Input float data */
    printf("FloatVariable=%-8.3f\n",FloatVariable);
                                            /* Output float data */

    /* input and output of double & long double type data */
    printf("\ninput a double to DoubleVariable:");
    scanf("%lf",&DoubleVariable);/* error: scanf("%f",&DoubleVariable); */
    printf("DoubleVariable=%e\n",DoubleVariable); /* output in the form of
                                            exponent format */

    printf("\ninput a long double to LDVariable:");
    scanf("%lf",&LDVariable);
    /* error: scanf("%f",&DoubleVariable); or scanf("%e",&Double
    Variable);*/
    printf("LDVariable=%f\n",LDVariable);
}
```

程序可能的运行结果如图 4-2 所示。

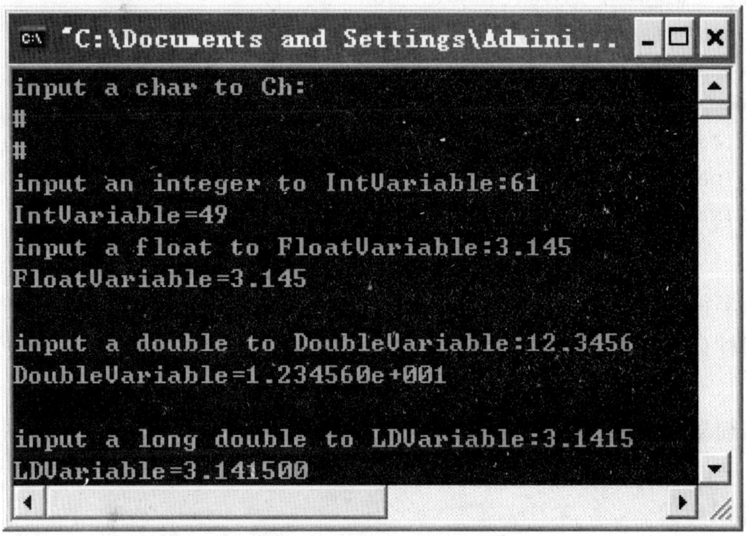

图 4-2 程序运行结果

（2）输入如下程序，分析程序的运行结果。

```c
#include<stdio.h>
void main(void){
    int a=5,b=7;
    float x=67.8564,y=-789.124;
    char c='A';
    long n=1234567;
    unsigned u=65535;

    printf("%d%d\n",a,b);
    printf("3d%3d\n",a,b);

    printf("%f,%f\n",x,y);
    printf("%-10f,%-10f\n",x,y);
    printf("%8.2f,%8.2f,%4f,%4f,%3f,%3f\n",x,y,x,y,x,y);
    printf("%e,%10.2e\n",x,y);

    printf("%c,%d,%o,%x\n",c,c,c,c);
    printf("%ld,%lo,%x\n",n,n,n);

    printf("%u,%o,%x,%d\n",u,u,u,u);
    printf("%s,%5.3s\n","computer","computer");
}
```

（3）输入如下程序，分析程序的运行结果。

```c
#include<stdio.h>
```

```
void main(void){
    char name[]="I love\t my\0 country! ";
    printf("%s\n",name);
    puts(name);

    puts("enter a string:\n");
    gets(name);
    puts(name);
}
```

（4）设圆半径为 r，圆柱高为 h，编写程序，求圆柱体底圆的周长、底圆的面积、圆柱体表面积和圆柱体的体积。要求用 scanf 输入 r 和 h 值，输出的计算结果取小数点后两位数字。

（5）使用简单的程序调试方法，设置断点，观察程序运行到断点处各变量的值和表达式的类型等。要注意的是，具体操作方法与平台有关，但大致类似。图 4-3、图 4-4 是在 VC 6.0 上的演示片段。

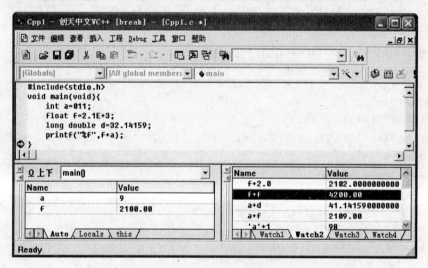

图 4-3　演示片段 1

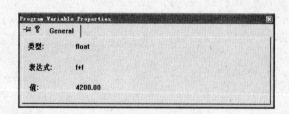

图 4-4　演示片段 2

（6）编写程序，输入一个字母，如为小写，则将它转换为对应的大写字母；如为大写，则将它转换为对应的小写字母。

（7）编写程序，输入一个 3 位正整数，提取组成它的各位数并输出。

第5章 选择结构程序设计

基本内容
- C 语言判断语句——if 选择结构
- 条件运算符
- 多分支选择语句 switch…case

重点
- if 选择结构
- 双分支判断执行语句 if…else
- 多分支判断执行语句 if…else if…else if…else
- if 的嵌套
- 条件运算符与条件表达式
- 多分支选择语句 switch…case

难点
- 多分支判断执行语句 if…else if…else if…else
- 多分支选择语句 switch…case
- 条件运算符 "?…:"

选择结构的学习和使用，关键在于要理解和掌握选择结构的基本概念、选择结构的定义与使用方法。下面将讨论其中几个比较重要的、容易混淆的内容（其他内容请读者参考本书配套教材），通过实例加以分析，希望读者能更深入地理解和更好地应用选择结构。

5.1 学习指导

5.1.1 选择结构的基本概念与使用方法

选择结构程序设计是 C 语言程序设计的重要内容。在 C 语言中，选择主要是通过 if 语句来实现的。if 语句可以和 else 搭配使用，构成多分支结构。在特定的条件下，还能使用条件运算符 "?…:"。多分支结构还可以使用 "switch…case" 语句实现。通过本章的学习，读者必须理解和掌握选择结构的用法，建立起逻辑判断的基本概念。

关于这些内容的详细说明不再赘述，这里只是简单地作出介绍，详细内容请读者参考本书配套教材。

（1）选择结构的一般形式为：

```
if （判断表达式）{
    执行语句集合 1
}
后续执行语句
```

（2）双分支结构的一般形式为：

```
if （判断表达式）{
    执行语句集合 1
}
else{
    执行语句集合 2
}
后续执行语句
```

（3）多分支结构的一般形式为：

```
if（判断表达式）{
    执行语句集合 1
}
else if （判断表达式）{
    执行语句集合 2
}
else if （判断表达式）{
    执行语句集合 3
}
…
else if （判断表达式）{
    执行语句集合 n
}
else{
    执行语句集合 n+1
}
后续语句
```

下面通过一些典型例子，帮助读者更好地理解和掌握这些内容。

例 5-1　使用键盘输入一个整数，判断这个数是奇数还是偶数。

```
#include <stdio.h>
void main(void){
    int a;
    printf("input a number:");
    scanf("%d",&a);
    if(a%2 == 0)    printf("It is an even number!\n");
    else
        printf("It is an odd number!\n");
}
```

不同输入所对应的运行结果如图 5-1 所示。

说明：

（1）程序开始的时候，声明一个整型变量，打印提示输入语句。

（2）使用键盘输入语句 scanf，输入一个整型变量。

（3）使用选择结构，if 语句与 else 语句一起，构成一个分支结构。

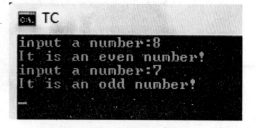

图 5-1　程序运行结果

（4）判断，如果输入的整数除 2 取余，等于 0，说明能被 2 整除，那么就打印输出偶数的确认语句：It is an even number!。

（5）否则，表明处于不能被 2 整除的情况，那么就打印输出奇数确认语句：It is an odd number!。

例 5-2　从键盘输入 3 个整数，按照从大到小的顺序输出。

```c
#include <stdio.h>
void main(void){
    int a,b,c,t;
    printf("please input 3 integers a,b,c:");
    scanf("%d,%d,%d",&a,&b,&c);
    if(a < b) {
        t = a;
        a = b;
        b = t;
    }
    if(a < c) {
        t = a;
        a = c;
        c = t;
    }
    if(b < c) {
        t = b;
        b = c;
        c = t;
    }
    printf("those numbers are: %d,%d,%d\n",a,b,c);
}
```

程序运行结果如图 5-2 所示。

说明：

（1）程序开始的时候，声明 3 个整型变量，打印提示输入语句，提示间隔符号为逗号“,”。

（2）变量 t 用来存储临时数据。

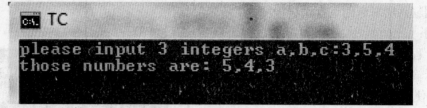

图 5-2　程序运行结果

（3）使用键盘输入语句 scanf，输入 3 个整型变量。

（4）使用选择结构、if 语句，做数据置换。

（5）第一个 if 语句体先判断 a 与 b 的大小情况，如果 a 小于 b，则将 a 的值赋予 t，再将 b 的值赋予 a，最后将 t 的值赋予 b。这是一个置换数的过程。做完了置换过程，a 与 b 的值就交换成功。

（6）执行完上述操作，可以保证 a 的值会大于等于 b 的值。因为一旦 a 的值小于 b，则会触发条件语句，执行上述交换过程。交换结束后，b 的值就会小于 a 的值。

（7）在确定了 a 与 b 中 a 值大于等于 b 后，接下来判断 a 与 c 的值。重复步骤（5），使得第二个语句体判断 a 与 c 的大小情况，如果 a 的值小于 c 的值，则使用置换数的步骤，对调 a 与 c 的值。保证执行完判断语句后，a 中存储了原来 a 和 c 中较大一个值。

（8）执行了说明（5）、（7）后，因为 a≥b，a≥c，所以 a 就是 a、b、c 中最大的一个数。

（9）接下来判断 b 与 c。情况分析略。

（10）打印输出已经排序好的 a、b 和 c。

例 5-3　使用键盘输入 3 个整数，使用三元条件运算符，输出最小的那个数。

```c
#include <stdio.h>
void main(void){
    int a,b,c,min;
    printf("input 3 numbers a,b,c:");
    scanf("%d,%d,%d",&a, &b, &c);
    min = (((a < b)?a:b) < c)?((a < b)?a:b):c;
    printf("min number is %d\n", min);
}
```

程序运行结果如图 5-3 所示。

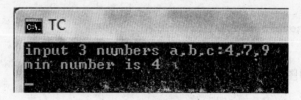

图 5-3　程序运行结果

说明：

（1）此题的思路是：先找到 a、b 中较小的一个数，再将这个较小的数与 c 比，找出这个较小的数与 c 中较小的那个数。

（2）首先提示输入 a、b、c，使用 scanf 输入 3 个数。

（3）然后对比 a 与 b。使用条件运算符"?…:"，(a < b)?a:b 表达式的运算结果为 a 与 b 比较后较小的那个数。

（4）再将上步中得到的较小数与 c 比较。

（5）最后输出结果。

例 5-4　使用键盘输入一个字符，判断该字符到底是大写英文，还是小写英文或者其他字符。

```c
#include <stdio.h>
void main(void){
    char c;
    printf("input a character:");
    scanf("%c",&c);
    if(c >= 65 && c <= 90){
        printf("%c: upper case\n", c);
    }
    else if(c >= 97 && c <= 122){
        printf("%c: lower case\n", c);
    }
    else{
        printf("%c: other character\n", c);
    }
}
```

不同输入所对应的运行结果如图 5-4 所示。

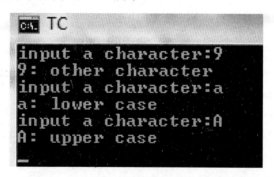

图 5-4　程序运行结果

说明：

（1）C 语言中，字符是以 ASCII 码形式存储的，大写字母在 65～90 之间，小写字母在 97～122 之间。

（2）本例中首先判断使用键盘输入的字符的 ASCII 码是否在 65～90 之间。在 C 语言中，用 c >= 65 && c <= 90 来表达。如果条件计算为真，则打印出 upper case。

（3）如果前一条件计算为假值，则需要判断使用键盘输入的字符的 ASCII 码是否在

97~122 之间。在 C 语言中，用 c >= 97 && c <= 122 来表达。如果条件计算为真，则打印出 lower case。

（4）如果前两个条件均为假值，则可知输入的字符的 ASCII 码既不在 65~90 之间，又不在 97~122 之间，则打印出 other character。

例 5-5　判断一个一元二次方程 $ax^2+bx+c = 0$ 是否有实根，需要计算 b^2-4ac 的大小。请使用键盘输入 a、b、c 三值，屏幕输出此一元二次方程是否有实根。如果有实根则输出该实根。

```c
#include <math.h>
#include <stdio.h>
void main(void){
    float a,b,c,result1=0,result2=0,delta;
    printf("input a, b, c of a quadratic equation.\n");
    printf("input a:");
    scanf("%f", &a);
    printf("input b:");
    scanf("%f", &b);
    printf("input c:");
    scanf("%f", &c);

    if( a == 0 ){
        printf("This equation is not a quadratic equation.");
    }

    else{
        delta = b * b - 4 * a * c;
        if(delta < 0){
            printf("This quadratic equation has no real result\n");
        }
        else if(delta == 0){
            result1 = -b/(2 * a);
            printf("There are two same real result: %f\n", result1);
        }
        else{

            result1 = (-b + sqrt(delta))/(2 * a);
            result2 = (-b - sqrt(delta))/(2 * a);
            printf("There are two real result:%f and %f\n", result1, result2);
        }
    }
}
```

不同输入所对应的运行结果如图 5-5 所示。

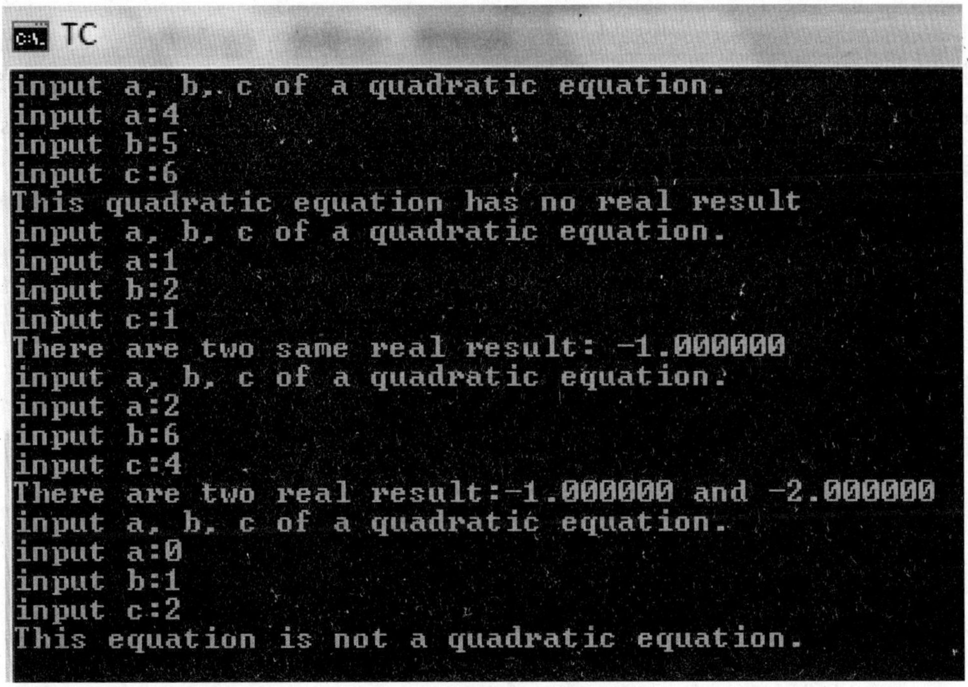

图 5-5　程序运行结果

说明：

（1）使用键盘输入一元二次方程的参数。

（2）使用 if 语句判断 a 值是否为 0，如果是 0，则不是一元二次方程。

（3）如果不是 0，则进入与说明（2）中配对的 else 片段。

（4）在 else 片段中，需要对 b^2-4ac 与 0 的关系进行判断。所以在此 else 片段中继续使用逻辑判断语句。

（5）将 delta 值赋为 b^2-4ac，在 delta == 0，delta > 0，delta < 0 这 3 个分支方向上分别使用公式求值。

（6）使用 if…else if…else 来进行分支操作。

5.1.2　switch…case 的使用方法

switch…case 选择是 C 语言程序设计中分支结构的又一重要内容。

switch…case 的一般使用方式如下：

```
switch（表达式）{
    case （常量表达式 1）:执行语句集合 1;break;
    case （常量表达式 2）:执行语句集合 2;break;
    case （常量表达式 3）:执行语句集合 3;break;
    …
    case （常量表达式 n）:执行语句集合 n;break,
    default:执行语句集合（n+1）;
}
```

需要注意的是，在 case 片段结尾的地方可以加上 break 语句；一旦加上了 break，则执行到 break 就结束。如果在 case 片段后没有 break 语句，则继续执行下一个 case 直到遇到了 break 语句或者整个 switch 结构结束。需要指出的是，default 语句是在没有任何 case 与 switch 表达式的值相对应的时候执行的。

例 5-6 编写简单的计算器程序，使之能计算+、-、*、/。

```c
#include <stdio.h>
void main(void){
    float a, b,result;    char c;
    printf("input :\na operater(+,-,*,/) b: ");
    scanf("%f%c%f",&a,&c,&b);
    switch(c){
        case('+'): result = a + b;break;
        case('-'): result = a - b;break;
        case('*'): result = a * b;break;
        case('/'): result = a / b;break;
        default: printf("Error input\n");exit(0);
    }
    printf("%f %c %f = %f\n", a, c, b, result);
}
```

不同输入所对应的运行结果如图 5-6 所示。

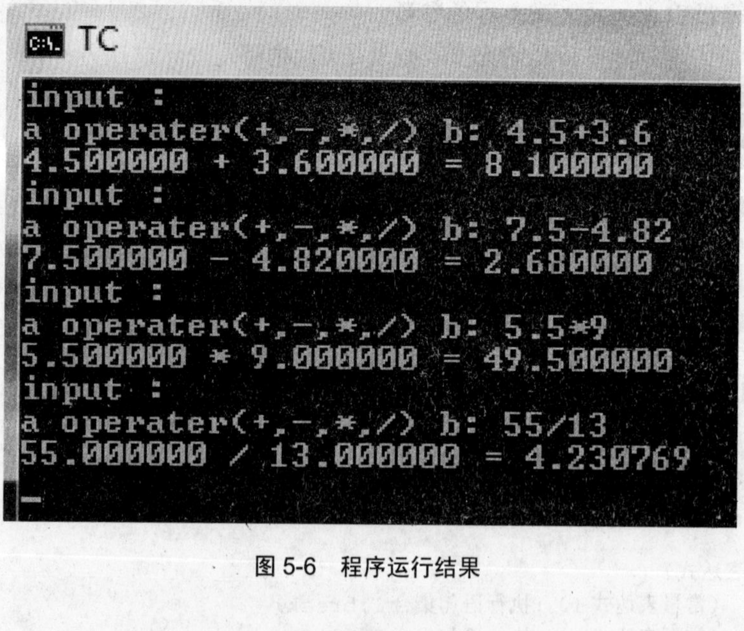

图 5-6 程序运行结果

说明：

（1）使用键盘输入需要计算的数值和操作符。

（2）switch（c）首先要根据 c 的键盘输入值来决定，执行 case 中相对应的表达式。如，当 c 为 '+' 的时候，执行 case（'+'）后的程序片段，至 break 出现。

（3）如果 c 不是预先设置的 '+'、'-'、'*'、'/' 中的任意一个，则执行 default。

（4）最后输出结果。

5.2　上机实践

选择结构是构成 C 程序的重要部分，绝大部分程序都有选择结构，大家应该熟练地掌握和使用它。要熟练地掌握 if、if…else 等分支结构的写法，必须通过大量的上机实践环节来加深理解和巩固。实际上，我们教材上的例题和指导书上的所有例题都是很好的上机实践题目，希望大家在上机实践的时候一一执行，观察结果。

下面给出几个上机实践题，作为本章学习的上机实践，希望大家认真完成。

实践题 1：

计算分段函数

$$f(x) = \begin{cases} 5 + x & (x \leqslant 0) \\ 100 - x & (0 < x < 10) \\ x * 7 - 6 & (x \geqslant 10) \end{cases}$$

请使用 C 语言编写程序，由键盘输入一个整数，在屏幕上输出结果。

实践目的： 加深读者对选择结构的理解，使读者能用选择结构解决一些常见的实际问题，提高读者解决实际问题的水平和能力。

实践参考学时： 2 学时。

实践内容：

（1）if…else if…else 生成 3 个分支方向；判断条件为 x 的值。

（2）声明一个变量 x 后，使用键盘输入这个 x 的值。

（3）根据条件判断 x 的大小，决定程序执行时 f(x)的值由什么式子生成。

（4）得到结果后，使用输出语句将结果输出。

实践题 2：

国家规定，空气污染指数 API 的取值范围为：0～50 为优，51～99 为良，100～199 为轻度污染，200～299 为中度污染，300 以上为重污染。请编写程序，使用键盘输入 API 指数，屏幕输出空气质量。

实践题 3：

输入一个年份，判断该年是否为闰年。

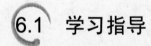

第6章 循环结构程序设计

基本内容
- while 循环
- do…while 循环
- for 循环

重点
- 当型循环
- 直到型循环
- for 循环的 3 个表达式的含义
- 循环的嵌套
- break 与 continue

难点
- for 循环
- break 与 continue 的用法
- 循环的嵌套

循环结构的学习和使用，关键在于要理解和掌握循环结构的基本概念、循环结构的定义与使用方法。下面将讨论其中几个比较重要的、容易混淆的内容（其他内容请读者参考本书配套教材），通过实例加以分析，希望读者能更深入地理解和更好地应用循环结构。

6.1 学习指导

6.1.1 循环结构的基本概念与使用方法

循环结构是 C 语言程序设计的重要内容。在 C 语言中，循环的主要实现方式是由 while 语句、do…while 语句和 for 语句来实现的。while 循环和 for 循环构成的循环被称为当型循环；do…while 循环被称为直到型循环。在特定的条件下，还能使用 goto 语句与 break 语句配对，实现循环功能。通过本章的学习，读者必须理解和掌握循环结构的用法，建立起根据逻辑判断结果循环的基本概念。

关于这些内容的详细说明不再赘述，这里只是简单地作出介绍，详细内容请读者参考本书配套教材。

循环结构的一般形式为：

（1）while 循环结构

```
while （判断表达式）{
    执行语句集合 1
}
后续执行语句
```

（2）do…while 循环结构

```
do{
    执行语句集合 1
}  while （判断表达式）;
后续执行语句
```

（3）for 循环结构

```
while （判断表达式）{
    执行语句集合 1
}
后续执行语句
```

下面通过一些典型例子，帮助读者更好地理解和掌握这些内容。

例 6-1　使用键盘输入一个整数 n，计算 1+2+3+4+…+n 的值。

```c
#include <stdio.h>
void main(void){
    int n,i;
    int result = 0;
    printf("input n: ");
    scanf("%d", &n);
    for(i =0; i <= n; i++){
        result = result + i;
    }
    printf(" result is %d\n", result);
}
```

程序运行结果如图 6-1 所示。

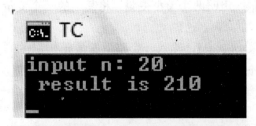

图 6-1　程序运行结果

说明：

（1）程序开始的时候，声明 3 个整型变量，将其中的一个变量 result 初始化为 0，打印提示输入语句。

（2）使用键盘输入语句 scanf，输入一个整型变量 n。

（3）使用 for 循环结构。

（4）将 i 的值赋为 0，i 为本例的计数器。

（5）判断 i 是否小于等于 n，如果是，则运行语句体 result = result + i，然后进行 i++ 运算。

（6）重复以上过程，直到 i 值大于 n。

（7）最后打印结果。

改用 while 循环实现，则程序为：

```c
#include <stdio.h>
void main(void){
    int n;
    int result = 0;
    printf("input n: ");
    scanf("%d", &n);
    while(n>0){
        result = result + n;
        n--;
    }
    printf(" result is %d\n", result);
}
```

程序运行结果如图 6-2 所示。

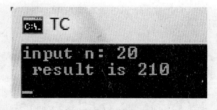

图 6-2　程序运行结果

说明：

（1）程序开始的时候，声明两个整型变量，将其中的一个变量 result 初始化为 0，打印提示输入语句。

（2）使用键盘输入语句 scanf，输入一个整型变量 n。

（3）使用 while 循环结构：

a）判断 n 是否大于 0，如果是，则运行语句体 result = result + i，然后进行 n-- 运算。

b）重复以上过程，直到 n 值小于等于 0。

（4）最后打印结果。

for 循环和 while 循环同为当型循环，它们的结构是相似的。

例 6-2　使用键盘输入一个整数 a，判断该数是否为质数。

```c
#include <math.h>
#include <stdio.h>
void main(void){
    int a,i;
    int flag = 1;
    printf("input a: ");
    scanf("%d", &a);
    for(i = 2; i <= int sqrt(a); i++){
        if(a % i == 0){
            flag = 0;
            break;
        }
    }
    if(flag == 1){
        printf("%d is a prime number\n",a);
    }
    else{
        printf("%d is not a prime number\n",a);
    }
}
```

不同输入所对应的不同结果如图 6-3 所示。

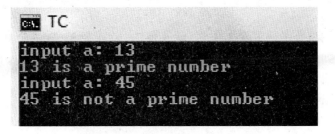

图 6-3　程序运行结果

说明：

（1）程序开始的时候，声明 3 个整型变量。

（2）flag 为标志，初始的时候，将标志位的值置为 1。

（3）打印提示输入语句，使用键盘输入语句 scanf 输入一个数 a。

（4）进入循环过程：

a）sqrt()函数为求平方根函数。循环从 $i = 2$ 开始，一直到 $i >$ sqrt(a)结束。

b）在循环过程中，如果 a 能够被 i 整除，即 a%i == 0，那么，将标志 flag 置为 0，并且执行 break 跳出循环。

（5）在接下来的双分支语句中，如果标志 flag 为 1，则输入的数为质数，否则，输入的数不是质数。

例 6-3 一筐鸡蛋，每次拿两个，余一个；每次拿 3 个，余两个；每次拿 4 个，余 3 个；每次拿 5 个，正好拿完。请问，一共有几个鸡蛋？

```c
#include <stdio.h>
void main(void){
    int i = 1;
    while(!((i%2 == 1)&&(i%3 == 2)&&(i%4 == 3)&&(i%5 == 0))){
        ++i;
    }
    printf("there are %d eggs in this basket\n", i);
}
```

程序运行结果如图 6-4 所示。

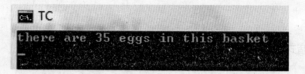

图 6-4　程序运行结果

说明：

（1）此题的思路是：使用穷举法，试数，一个数、一个数地试过去，一直到被测试的数满足题目要求。

（2）从 i = 1 开始。

（3）进行循环。

（4）判断被测试数字是否除 2 余 1、除 3 余 2、除 4 余 3、除 5 余 0。将判断式结果取非。也就是说，如果判断为假，取非后值为真，则执行循环体中++i 操作，接着再进行一次循环；如果判断为真，取非后值为假，则跳出循环。

（5）最后输出结果。

（6）使用穷举法是解决类似问题的主要手段。

6.1.2　嵌套循环的使用方法

嵌套循环是 C 语言程序设计中的又一重要内容。

嵌套循环的外层与内层可以相关，也可以不相关，这个由循环控制变量决定。

例 6-4 打印一组星号，使之构成一个 5 行 5 列的图形。

```
    *****
    *****
    *****
    *****
    *****
```

```c
#include <stdio.h>
void main(void){
```

```
    int i, j;

    for(i = 0; i < 5; i++){
        for(j = 0; j < 5; j++){
            printf("*");
        }
        printf("\n");
    }
}
```

程序运行结果如图 6-5 所示。

图 6-5 程序运行结果

说明：

（1）在这个例子中，有两个循环控制变量，i 与 j 分别运行 5 次，它们之间没有关系。

（2）内层循环 5 次结束后打印一个回车符。

（3）外层循环 5 次。

例 6-5 使用循环语句打印出星号三角形。

```
        *
       ***
      *****
     *******
    *********
```

```c
#include <stdio.h>
void main(void){
    int i, j, k;
    printf("input levels: ");
    scanf("%d", &k);
    for( i = 1; i <= k; i++){
        for(j = 1; j <= k - i; j++){
            printf(" ");
        }
        for(j = 0; j < 2*i - 1; j++){
            printf("*");
        }
        printf("\n");
    }
}
```

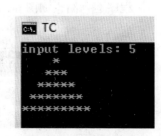

程序运行结果如图 6-6 所示。

说明：

（1）在这个例子中，有两个循环控制变量 i 与 j。

（2）假设输入层数为 5，外层循环运行 5 次。

图 6-6 程序运行结果

（3）内层循环有两个，一个负责打印空格，一个负责打印星号。两个内层循环都与 i 相关，因为循环次数都是由带有 i 的式子计算得到的。

第 1 次外循环的时候，打印 4 个空格和 1 个星号；

第 2 次外循环的时候，打印 3 个空格和 3 个星号；

第 3 次外循环的时候，打印 2 个空格和 5 个星号；

第 4 次外循环的时候，打印 1 个空格和 7 个星号；

第 5 次外循环的时候，打印 0 个空格和 9 个星号。

打印空格的计算式子为 k−i，而打印星号的计算式子为 2*i−1，其中 i 为外层循环进行的次数。

（4）进行外层循环 5 次后，打印出星号三角形。

例 6-6　查找 100 以内所有的质数。

```c
#include <math.h>
#include <stdio.h>
void main(void){
    int i,j;
    int flag;
    for(i = 2; i < 100; i++){
        flag = 1;
        for(j = 2; j <= sqrt(i); j++){
            if(i % j == 0){
                flag = 0;
                break;
            }
        }
        if(flag == 1){
            printf("%d ",i);
        }
    }
    printf("/n");
}
```

程序运行结果如图 6-7 所示。

图 6-7　程序运行结果

说明：

（1）使用例 6-2 的方法，求得质数。

（2）外部循环从 2 到 100，每次内循环结束的时候，外部循环都将要检验的数自动加 1，一直到 100 结束。

6.2　上机实践

　　循环结构是构成 C 程序的重要部分，大部分程序中都会有循环结构，大家应该熟练地掌握和使用它。要熟练地掌握 if、if…else 等分支结构的写法，必须通过大量的上机实践环节来加深理解和巩固。实际上，我们教材上的例题和指导书上的所有例题都是很好的上机实践题目，希望大家在上机实践的时候一一执行，观察结果。

　　下面给出几个上机实践题，作为本章学习的上机实践，希望大家认真完成。

　　实践题 1：

　　使用键盘输入字符，使用 Ctrl+Z 作为输入结束标志，统计一共输入了多少大写字符、多少小写字符、多少数字、多少其他字符。Ctrl+Z 的 ASCII 码为–1。

　　实践目的：加深读者对循环结构的理解，使读者能用循环结构解决一些常见的实际问题，提高读者解决实际问题的水平和能力。

　　实践参考学时：4 学时。

　　实践内容：

　　（1）输入字符。

　　（2）循环结构中的条件判断式中需要判断输入字符的 ASCII 码是否为–1，如果不为–1，则进行循环。

　　（3）字符所对应的 ASCII 码的加减与输出。

　　实践题 2：

　　打印输出一个星号平行四边形。

```
      *******
     *******
    *******
   *******
  *******
```

　　实践题 3：

　　输入两个正整数 m 和 n，求其最大公约数和最小公倍数。

　　实践题 4：

　　用 $\frac{\pi}{4} = 1 - \frac{1}{3} + \frac{1}{5} - \frac{1}{7} + \cdots$ 公式求π的近似值，直到某一项的绝对值小于 10^{-6}。

　　实践题 5：

　　一个数如果恰好等于它的因子之和，这个数称为"完数"。例如，6 的因子为 1、2、3，因子之和为 1+2+3=6，因此 6 是"完数"。编程找出 1000 之内的所有"完数"，并按下面格式输出其因子：

```
6 Its factors are 1,2,3
```

　　实践题 6：

　　求 $S_n = a + aa + aaa + \cdots + aa \cdots aaa$(有 n 个 a)之值，其中 a 是一个数字。例如 2+22+222+2222+22222（a=2、n=5），a、n 的值由键盘输入。

第7章

数组

基本内容
- 一维数组的概念、数组元素的存储和访问方法
- 一维数组的应用
- 二维数组的概念、数组元素的存储和访问方法
- 二维数组的应用
- 多维数组的概念、数组元素的存储和访问方法

重点
- 一维数组的概念、数组元素的存储和访问方法以及一维数组的简单应用
- 二维数组的概念、数组元素的存储和访问方法以及二维数组的简单应用

难点
- 一维数组元素的存储方式和一维数组的应用
- 二维数组元素的存储方式和二维数组的应用
- 多维数组的概念和简单应用

数组的学习和使用，关键在于要理解和掌握数组的基本概念、数组元素之间的关系（包括逻辑关系和存储关系等）、数组元素的初始化方法、数组元素的引用方式以及数组的基本应用等。下面将讨论其中几个比较重要的、容易混淆的内容（其他内容请读者参考本书配套教材），通过实例加以分析，希望读者能更深入地理解和更好地使用数组。在学完函数和指针这两章之后，读者还应理解和掌握数组与函数、数组与指针的各种复杂关系。

7.1 学习指导

7.1.1 数组的基本概念和数组元素之间的关系

理解数组的基本概念是学习和使用数组的关键。数组并非 C 语言提供的基本数据类型，它是一种结构类型。即 C 语言除了提供基本数据类型，如整型、浮点型和字符型等之外，为了处理更复杂的数据，还可以定义一些功能更为强大、使用更为方便的高级数据类型，如数组、结构体、共用体和枚举类型等。所以，数组是 C 提供的一种使用最广泛的高级数据类型。而且数组还可以与指针、结构体等构成更为复杂的数据类型，如指针数组、结构

数组等。

1．数组的基本概念

数组（array）是 n（n≥1）个具有相同数据类型的数据元素 a_0, a_1,…,a_{n-1} 构成的一个有序序列（集合）。数组由一个统一的数组名来标识，数组中的某个序号元素由数组名和相应的一组下标（index）来标识。标记某个数组元素的下标个数就决定了数组的维数，即下标个数为一个，则为一维数组；下标个数为两个，则为二维数组等。

2．数组中元素之间的关系

1）逻辑关系

数组用来描述 n（n≥1）个具有相同数据类型的数据元素 a_0, a_1, …, a_{n-1} 构成的一个有序的集合，其中各个数据元素之间存在着确定的逻辑关系：a_i（0≤i≤n-1）为 a_{i+1} 的前驱（元素），a_{i+1} 为 a_i 的后继（元素），只有数组中的第一个元素（首元素）a_0 没有前驱，也只有数组中的最后一个元素（末元素或尾元素）a_{i+1} 没有后继。元素之间存在的这种线性逻辑关系可以用图 7-1 描述。

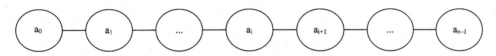

图 7-1　数组中元素的逻辑关系

例如，定义一个一维数组 int a[10]={1,2,3,4,5,6,7,8,9,10};，则元素 a[4]（数组中的第 5 个元素）的前驱元素为 a[3]，后继元素为 a[5]。

再如，定义一个二维数组 int b[2][5]={1,2,3,4,5,6,7,8,9,10};，则元素 a[1][0]（数组中的第 2 行第 1 列元素）的前驱为 a[0][4]（数组中的第 1 行第 5 列元素），后继为 a[1][1]。因为 a[1][0]刚好为第 2 行的第 1 个元素，因此其前驱为上一行的最后一列元素，即为 a[0][4]。即相当于将图 7-1 中的描述元素之间逻辑关系的线段分成两段形式，如图 7-2 所示。

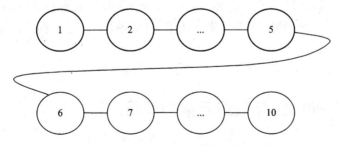

图 7-2　二维数组中元素的逻辑关系

类似地，对于多维数组的各个元素也存在着这种逻辑关系。

2）存储关系（物理关系）

构成数组的各元素按先行后列、同行则先低列后高列的次序依次存储在一块地址连续的内存单元中，最低地址对应首元素，最高地址对应末元素。

类似地，对于多维数组，则按先第 1 维，后第 2 维，……，同维则先低后高的次序依次存储在一块地址连续的内存单元中，最低地址对应首元素，最高地址对应末元素。

即对于数组中的各元素，逻辑上相邻的两个元素在物理存储位置上也相邻，前驱元素的存储位置位于后继元素之前（低端地址）。

例如，定义一个一维数组 int a[10]={1,2,3,4,5,6,7,8,9,10};，则这些元素的存储位置按其逻辑关系的前后依次存储在连续（从低地址向高地址）的存储空间中，如图 7-3 所示。

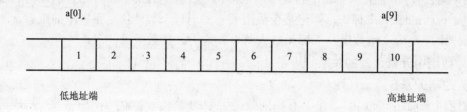

图 7-3　一维数组元素的存储关系

再如，定义一个二维数组 int b[2][5]={1,2,3,4,5,6,7,8,9,10};，则这些元素的存储位置也按其逻辑关系的先后次序依次存储在连续（从低地址向高地址）的存储空间中，如图 7-4 所示。

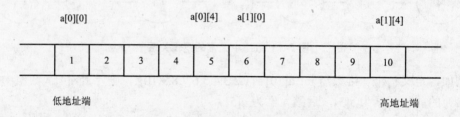

图 7-4　二维数组元素的存储关系

基于数组元素的存储方式，可以很容易推导出根据数组首元素的地址计算任意一元素存储地址的两个公式：

（1）一维数组 Type a[N]的元素 a[i]的存储地址=数组起始地址+i×sizeof（元素类型）。

（2）二维数组 Type a[M][N]的元素 a[i][j]的存储地址=首元素的存储地址＋（i×N+j）×sizeof（Type）。

其中，Type 为数组元素的类型，即数组的基类型。

7.1.2　数组的初始化与数组元素的引用

定义数组的目的是为了使用数组中的各个元素。一维数组元素的引用（访问）方式由数组名加元素的下标来实现，语法格式为：数组名[下标]。

对于二维数组元素的访问，由数组名加两个下标实现，语法格式为：数组名[]下标 1[下标 2]。类似地，可以访问多维数组中的元素。

一般地，数组在使用之前需要对其初始化，以完成对其各个元素值的初始化操作。关于数组的初始化，请读者参考本书配套教材中的详细说明，这里不再展开讨论，但要请大家注意数组初始化中的几个特殊情形，也是初学者经常犯的一些错处。

例如，定义一维数组 int a[5]={1,2,3,4,5,6};，则会发生以下编译错误：error C2078: too many initializers，即提供的初始化数据个数已经超过了数组的长度。

又如，int a[]={1,2,3,4,5,6}; printf("%d\n",a[6]);，则虽然编译能通过，但结果不可预料。这是因为访问元素 a[6]时发生了越界访问。访问数组 a 的有效范围为 a[0]~a[5]，即当没有指定数组的长度，而又对其全部元素赋初始值时，其长度自动计算，本例数组 a 的长度值为 5。同样，也不能企图访问元素 a[-1]等。数组的越界访问，C 编译系统不能帮我们检查，而要程序员自己检查和发现，这是值得大家注意的。

另外，大家要注意，一维数组元素的下标从 0 开始，而不是从 1 开始。数组中最后一个元素的下标是数组的长度值-1，而不是等于数组的长度值。当然，也可以将实际数据强制存储在数组的下标[1]～[N]中，但不要忘记，定义数组时，其长度应为 N+1。而且这时浪费了数组的第一个元素，即下标为[0]的元素所占用的空间。因此，在实际使用数组中，很少这样处理。类似地，对于二维数组等也要注意这个问题。

7.1.3　数组的应用

前面我们说了，数组的应用非常广泛，因此，我们应该掌握数组的基本应用方法。对于数组的复杂应用，一般都需要涉及其他课程的相关知识。下面通过一些例子，说明数组的基本应用方法，这是应用数组的基础，本书配套教材中也有大量的例子，请读者参考，以加深对数组的理解和应用。

例 7-1　输入上一星期中每天的家庭支出，计算总支出值、最高支出值和日平均支出值。

分析：用一个一维数组 float money[7]来存储一周中每天的支出值，根据输入的每天支出，可以得到所要求的各个计算值，这些值可以分别存储于不同的变量中。编写程序如下：

```c
#include<stdio.h>
void main(void){
    float money[7],highest=-1.0f,sum=0.0f;
    int k;
    printf("请输入一周中每天的支出值: ");
    for(k=0;k<7;k++) {
        scanf("%f",&money[k]);
        sum+=money[k];
        if(money[k]>highest) highest=money[k];
    }
    printf("总支出: %f,最高支出: %f,日平均支出: %f\n",sum,highest,sum/7);
}
```

程序运行结果如图 7-5 所示。

图 7-5　程序运行结果

说明：

（1）访问数组元素，一般都需要通过循环实现，因为数组是不能整体访问的，而只能逐个访问数组中的各个元素。

（2）本例中，给出最高支出 highest 的初始值为–1.0，主要是考虑"擂台法"中的比较需要擂主的初始值，取负数是因为负数肯定会被其他支出值取代。

（3）本例中，在输入日支出值的同时，完成了求最大支出和总支出的计算。这样主要是想简化程序代码的长度。当然，也可以在输入完成后再通过一次循环进行。

（4）数组的使用中，一般需要某个算法对数组中的元素进行处理，比如本例中简单的"擂台法"求最高支出，教材中的 3 种简单排序算法对数组元素重新排序以及查找某数值在顺序数组中位置的"二分法"，等等。这些常用的简单算法是需要大家掌握的，也是考试中经常出现的考点。这也说明了程序设计中算法的重要性。

例 7-2　用一维数组存储 Fibonacci 数列的前 20 项，Fibonacci 数列为 1　1　3　5　8　13 ……，编写程序输出该数列的前 20 项。

分析：可以用一维数组 Fib[] 来存储数列的前 20 项，根据数列的特点：$a_1=1$，$a_2=2$，$a_i=a_{i-1}+a_{i-2}$，$i \geq 3$，不难写出相应的程序。

```c
#include<stdio.h>
void main(void){
    int Fib[21],k;
    Fib[1]=Fib[2]=1;
    for(k=3;k<=20;k++)
        Fib[k]=Fib[k-1]+Fib[k-2];
    printf("Fibonacci 数列的前 20 项为：\n");
    for(k=1;k<=20;k++){
        printf("%5d",Fib[k]);
        if(k%5==0) printf("\n");
    }
}
```

程序运行结果如图 7-6 所示。

说明：

（1）我们说明数组 Fib 的长度为 21，主要是用 Fib[1]存储数列的第 1 项，Fib[2]存储数列的第 2 项，这样，数组元素 Fib[0]就没有使用，因此要存储前 20 项，至少需要长度为 21。

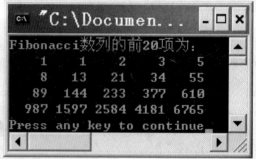

图 7-6　程序运行结果

（2）为了能一行输出 5 项，在输出过程中增加了一条 if 语句。

（3）本题还有其他的解决方法，比如可以每计算一项就输出，或者可以采用递归函数来实现，等等。

例 7-3　建立一个"循环"数组，根据指定的序号，从该序号开始依次输出所有数组元素。若数组为（1, 2, 3, 4, 5, 6, 7, 8, 9, 10），指定输出序号为 3，则从第 3 个序号开始输出各元素

3, 4, 5, 6, 7, 8, 9, 10, 1, 2；若指定输出序号为 10，则从第 10 个序号开始输出各元素 10, 1, 2, 3, 4, 5, 6, 7, 8, 9。

分析：10 个数组元素构成的"循环"数组示意图如图 7-7 所示。

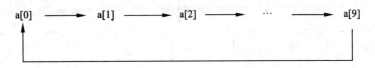

图 7-7 "循环"数组示意图

即所谓"循环"数组，是一个首尾元素相接的数组，只要指定序号，就可以从该序号开始依次输出循环数组中的各个元素。用变量 start 存储指定的序号，则开始输出元素为 a[start–1]，设刚输出元素的下标为 i，则下一个要输出元素的下标为(i+1)%10，这样就构成循环意思下的连续输出。即根据前一个元素的下标 i，就可以得到循环意义下的下一个元素的下标(i+1)%10。这样采用取模的方法就可以得到一个模拟的循环数组。

```
#include<stdio.h>
void main(void){
    int a[10]-{1,2,3,4,5,6,7,8,9,10},start,k,i;
    printf("输入要输出元素的起始序号（1~10）: ");
      scanf("%d",&start);
    i=start-1;
    for(k=1;k<=10;k++){
        printf("%-3d",a[i]);
        i=(i+1)%10;
    }
}
```

程序运行结果如图 7-8 所示。

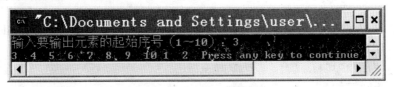

图 7-8 程序运行结果

例 7-4 设有序集合 a={2,14,26,30,38,45,80,100,111,222}，有序集合 b={0,45,56,77,89}，编程求集合 a 和集合 b 的并集 c=a∪b，并保持 c 依然有序。

分析：可以用两个一维数组 a 和 b 分别存储集合 a 和集合 b，用一维数组 c 存储并集 c。按序逐个比较两个集合中的当前元素，用 i 指示数组 a 中的当前元素下标，用 j 指示数组 b 中当前元素的下标。如果 a[i]<b[j]，则将 a[i]存储到 c[k]中，k 值加 1，再取 a[i]的后继与 b[j]比较；反之，则将 b[j]存储，k 值加 1，再取 b[j]的后继与 a[i]比较；若两者相等，就将其中一个存储至 c[k]中，再取 a[i]的后继与 b[j]的后继继续比较，k 增 1。如此反复，直到

其中某一个数组元素全部扫描完毕，则将另一个数组的各个元素依次存储至数组 c 中，如图 7-9 所示。

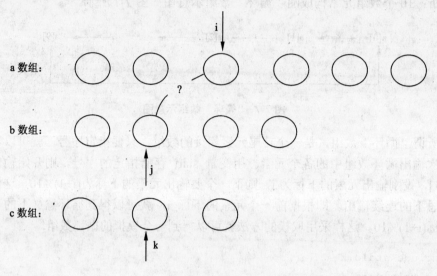

图 7-9　例 7-4 图

```
#include<stdio.h>
void main(void){
    int a[10]={2,14,26,30,38,45,80,100,111,222},b[5]={0,45,56,77,89},
    c[15]={0};
    int i=0,j=0,k=0,len=0;

while(i<10&&j<5){ /* 当前比较的两数组元素都尚未扫描完 */
    if(a[i]==b[j]){ c[k]=a[i];k++;len++; i++;j++; }
    if(a[i]>b[j]){ c[k]=b[j];j++;k++;len++;}
    else { c[k]=a[i];i++;k++;len++; }
}
if(i==10) /*数组 a 所有元素已经扫描完毕,将 b 数组剩下各元素依次存储到数组 c 中 */
    while(j<5){
        c[k]=b[j];
        len++;
        k++;
        j++;
    }
else while(i<10){
/*数组 b 所有元素已经扫描完毕,将 a 数组剩下的各元素依次存储到数组 c 中 */
        c[k]=a[i];
        len++;
        k++;
        i++;
    }
```

```
for(i=0;i<len;i++)  printf("%-4d",c[i]); /* 输出 c 数组中各元素值 */
}
```

程序运行结果如图 7-10 所示。

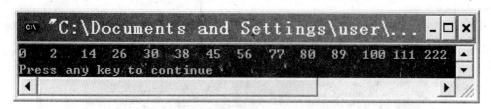

图 7-10　程序运行结果

说明：

（1）本题的关键在于实现的算法设计，我们采用逐个对两个数组中的对应两元素比较的方法进行，取其小者作为并集中的一个元素来存储。

（2）如果两集合中存在相等的元素，则为了得到结果集合中元素的个数（个数少于两集合元素个数和），我们采用了变量 len 计数的方法。即一旦有元素加入到 c 中，则 len++。

（3）如果某一个集合已经比较完毕，则将另一个集合中剩余的各元素依次存储至 c 集合中。即大家要注意 while 循环退出后的两种情况处理。

（4）这个题目相对来讲比较复杂，关键是要考虑实现的算法，并将数组应用于其中。希望读者能从中理解数组的使用方法，起到举一反三的作用。其他诸如求两集合的交集等问题，也可以采用类似的方法来解决。请读者自己思考完成。

例 7-5　设有一个有序整型数组 a，输入一个整数 data，将其插入到该数组中，插入后数组仍然保持有序。

分析：插入操作关键在于找到插入的位置。为了找到插入点，可以采用将数组中的各元素按序逐个与 data 作比较，直到 data≤a[i]为止。此时，data 应插入到 a[i]位置处。为了避免覆盖此处原有的元素，需要先将 a[i]开始的所有元素后移一位。

```
#include<stdio.h>
void main(void){
int a[11]={2,14,26,30,38,45,80,100,111,222};
int i=0,j,data;

printf("Eter the data:");
scanf("%d",&data);

while(i<10&&data>a[i])  i++;
if(i==10) a[10]=data;
else{
    for(j=9;j>=i;j--) a[j+1]=a[j];
    a[i]=data;
}
```

```
for(i=0;i<11;i++)   printf("%-4d",a[i]);
                                 /* 输出插入 data 后数组中各元素值 */
printf("\n");
}
```

程序运行结果如图 7-11 所示。

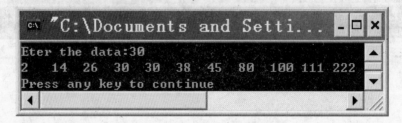

图 7-11   程序运行结果

说明：

（1）找到插入点后，后移 a[i]~a[10]的各个元素时，应该后面的元素先后移。即采用了如下的循环语句：for(j=9;j>=i;j--)   a[j+1]=a[j];。

（2）另外，原来数组中有 10 个元素，插入新元素后，元素个数为 11 个。因此，在定义数组长度时，我们设计为 11。

（3）如果 data 数值与原来数组元素值相等，本程序将 data 也加入到原来元素的前面。

（4）如果 data 比原来所有元素都大，则加入到最后位置处。

（5）类似地，也可以处理删除与输入数值相等的元素，请读者自己思考完成。

例 7-6   使用二维数组，输出如下数字图形方阵。

```
1 2 3 4 5
2 3 4 5 1
3 4 5 1 2
4 5 1 2 3
5 1 2 3 4
```

分析：用一个二维数组 a[5][5]来存储这 25 个元素。每行的第 1 个元素可以先得到，每行的其他元素可以根据同行的前一列元素通过取模的方法（循环意义下的加 1）来求得。

```
#include<stdio.h>
void main(void){
    int a[5][5],i,j;

    for(i=0;i<5;i++) a[i][0]=i+1;    /*  得到每行的第 1 列元素*/
    for(i=0;i<5;i++)
        for(j=1;j<5;j++)
            a[i][j]=a[i][j-1]%5+1;    /* 根据同行的前一列元素，求得后一列元素 */

    for(i=0;i<5;i++){
        for(j=0;j<5;j++)
```

```
        printf("%-3d",a[i][j]);
    printf("\n");
    }
}
```

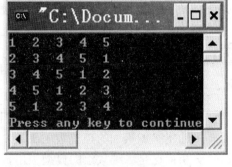

图 7-12　程序运行结果

程序运行结果如图 7-12 所示。

说明：

当然，本例也可以采用其他的解决办法。比如，可以分析二维数据表中每列数据的特点，先完成每列数据的填充，再输出整个数据表，请读者自己完成。

例 7-7　求一个 2×3 的矩阵 a 的转置矩阵 b。

分析：矩阵 a 中第 i 行第 j 列的元素 a_{ij} 在其转置矩阵 b 中位于第 j 行第 i 列。如：

$$a = \begin{bmatrix} 1 & 2 & 3 \\ 4 & 5 & 6 \end{bmatrix}$$

则其转置矩阵

$$b = \begin{bmatrix} 1 & 4 \\ 2 & 5 \\ 3 & 6 \end{bmatrix}$$

用两个二维数组 a 和 b 分别存储矩阵 a 和矩阵 b 中的各元素值。只要将 a 数组中各个 a[i][j] 元素分别存储至数组 b 中的 b[j][i] 中即可。

```
#include<stdio.h>
void main(void){
    int a[2][3]={1,2,3,4,5,6},b[3][2],i,j;

    for(i=0;i<2;i++)
      for(j=0;j<3;j++)
          b[j][i]=a[i][j];  /* 实现转置 */

    for(i=0;i<3;i++){
        for(j=0;j<2;j++)
            printf("%-3d",b[i][j]);
        printf("\n");
    }
}
```

程序运行结果如图 7-13 所示。

说明：

（1）二维数组经常用于工程数学中的矩阵表示和存储中，所以二维数组在工程领域中的应用是非常广泛的，如矩阵的相关运算（求和、乘积和求逆等）以及方程组的求解等。

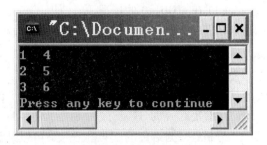

图 7-13　程序运行结果

（2）如果矩阵本身是方阵，则也可以直接在原矩阵中完成，即转置结果直接存储在原来的二维数组中。请读者自己思考完成。

例 7-8　求二维整数数组中各行 0 之前的正整数之和，遇到 0 跳过该行后面的所有数据，遇到负数则跳过该负数，并打印这些正整数。如：

$$a = \begin{bmatrix} 1 & -2 & 3 & -4 \\ 1 & 5 & 0 & 6 \\ 7 & 3 & 0 & 3 \end{bmatrix}$$

则输出参加累加的正整数 1, 3, 1, 5, 7, 3，累加和为 20。

分析：这是二维数组的典型应用，需要顺序扫描每个元素，将所扫描到的满足正整数的元素累加即可。但要注意，并非所有的正整数都满足累加的条件，而是要在 0 之前，即不累加 0 之后的正整数。

```c
#include<stdio.h>
void main(void){
  int a[3][4]={{1,-2,3,-4}, {1,5,0,6}, {7,3,0,3}},i,j;
  long sum=0;

printf("参加累加的正整数有：\n");
  for(i=0;i<3;i++)
    for(j=0;j<4;j++){
      if(a[i][j]>0) { sum+=a[i][j];printf("%-3d",a[i][j]); }
      if(a[i][j]==0) break;
      else continue;  /* 可以省略 */
    }

  printf("\nsum=%ld\n",sum);
}
```

程序运行结果如图 7-14 所示。

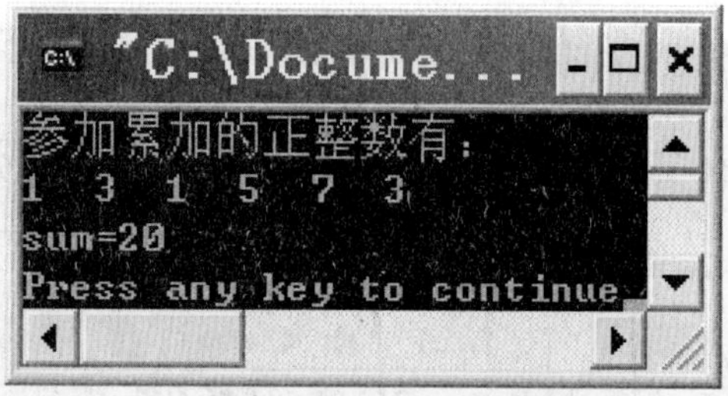

说明：

（1）为了能在扫描过程中遇到 0 就跳过后面的所有数据，在内层循环使用了 break 语句，使得 0 之后的所有正整数都不参加累加。

（2）在 a[i][j]<0 的情况下，使用了 continue 语句，即跳过该数据，继续分析下一列数据，由于 continue 语句刚好在内层循环的最后，所以，也可以不用它。

图 7-14　程序运行结果

（3）请读者思考还有没有其他的解决方法。

例 7-9　输入名字，根据输入的起点和长度取名字的子串。如，名字为"Huaqiao University"，给定起点为 3，长度为 8，则取得的子串为 "aqiao Un"。

分析：根据给定的起点和长度，可以从该起点开始逐个将名字中的字符复制至子串中，直到满足指定的长度为止。

```c
#include<stdio.h>
#include<stdlib.h>

void main(void){
  char name[20],substr[20],i,j=0;
  int start,length;

  printf("Enter name:");
  gets(name);

  printf("Enter start and length:");
  scanf("%d%d",&start,&length);

  if(start<=0||start>=20) {
  printf("error start!\n");
  exit(1);
  }
  if(start+length-1>=20){
    printf("error start and length!\n");
    exit(1);
  }

  for(i=start-1;i<start+length-1;i++){
    substr[j]=name[i];
    j++;
  }

  substr[j]='\0';
  puts("substr:");
  puts(substr);
}
```

程序运行结果如图 7-15 所示。

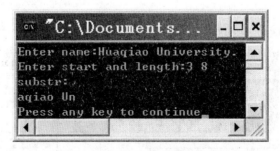

图 7-15　程序运行结果

说明：

（1）为了保证输入起点和长度的有效性，在程序中增加了对它们合法性检查的代码。

这样，可以增强代码的健壮性。这种方法希望大家在编写程序中多加使用。

（2）在程序中我们通过字符串输入函数 gets(name)来输入一个字符串存储在字符数组 name 中。最后通过 puts(substr)来输出字符数组 substr 中存储的子串。

（3）字符数组也是一种很常用的存储字符串的方法，C 语言提供了大量处理字符串的函数，大家可以参考本书配套教材或参考书，熟悉最常用的几个字符串处理函数的使用。

（4）在完成子串的截取后，在子串最后补上一个字符串的结束标记字符 '\0'。请读者自己思考，如果不补该字符，则结果会如何。

例 7-10　输入一个字符串，统计其中单词的个数。如输入字符串"I am a teacher."，则单词个数为 4。

分析：单词以非空格字符开始，以空格字符结束，据此，可以编写程序。

```c
#include<stdio.h>
#include<string.h>

void main(void){
  char str[100];
  int i,len,count=0;

  puts("Input string:");
  gets(str);

  len=strlen(str); /* 获取字符串的长度 */

  for(i=0;i<len;i++)
     if(str[i]!=' '){  /* 单词开始 */
         count++;       /* 个数加 1 */
         while(str[i]!=' '&&str[i]!='\0') /* 单词结束 */
             i++;
     }

  printf("There are %d words in \"%s\".\n",count,str);
}
```

程序运行结果如图 7-16 所示。

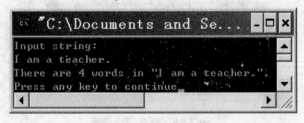

图 7-16　程序运行结果

说明：

（1）程序中使用了字符串处理函数 puts()、gets(str)和 strlen(str)，为了能使用 strlen()，

在前面加上编译预处理指令#include<string.h>。

（2）我们经常会碰到字符串的相关处理问题，这里只是给大家一点启发，类似的问题希望读者也能自行解决。而且本题还有其他的解法，请读者自己思考。

7.2 上机实践

数组的学习和使用，必须通过大量的上机实践环节来加深理解和巩固。实际上，我们教材上的例题和指导书上的所有例题都是很好的上机实践题目，希望大家在上机实践的时候一一执行，观察结果。

下面给出几个上机实践题，其中实践题 1 作为本章学习的主要上机实践训练题，其他几题作为实践选做题，希望大家都能认真完成。

实践题 1：

约瑟夫问题的数组实现。

实践目的： 加深读者对数组概念的理解，使读者能灵活运用数组解决一些常见的实际问题，提高读者解决实际问题的水平和能力。

实践参考学时： 4～6 学时。

实践内容：

（1）问题描述：约瑟夫问题的一种描述为：编号为 1, 2, 3,…, n 的 n 个人按顺时针方向围坐一圈，每人持有一个密码（正整数）。一开始任选一个正整数作为报数上限值 m，从第一个人开始按顺时针方向自 1 开始顺序报数，报到 m 时停止报数。报 m 的人出列，将他的密码作为新的 m 的值，从他在顺时针方向上的下一个人开始重新从 1 报数，如此下去，直至所有的人全部出列为止。试设计一个程序求出出列顺序。

（2）基本要求：可以利用循环数组（存储编号和密码）来模拟此过程，按照出列的顺序输出各人的编号。

（3）测试数据：m 的初值为 6，n=7，7 个人的密码依次为 3, 1, 7, 2, 4, 8, 4，出列顺序应为 6, 1, 4, 7, 2, 3, 5。

实践题 2：

定义一个一维整型数组 A，随机输入 20 个整数，将其中的正整数按输入的次序存储至另外一个一维整型数组 B 中。

（1）输出这些正整数。

（2）统计正整数的个数和平均值。

（3）将这些正整数按输入次序的逆序输出。

实践题 3：

定义一个二维整型数组 int data[M][N]和一个一维整型数组 int max[N]，求出二维数组每列中的最大元素，并依次放入 max 数组中。

实践题 4：

输入一个由数字组成的字符串，编程将数字字符串转化为相对应的数值并输出。如，输入数字字符串"12345"，则输出数值 12345。

实践题 5：

用字符数组 a 和字符数组 b 分别存储两个字符串，逐个比较 a、b 两个字符串对应位置中的字符，把 ASCII 值小或者相等的字符依次存放到字符数组 c 中，形成一个新的字符串。再将字符串"I love"加在新的字符串最前面。如，a 中的字符串为"English"，b 中的字符串为"Compuer"，则 c 中的字符串为"I love Cnglise"。

实践题 6：

用二维字符数组 str 存储 5 个随机输入的字符串，分别用冒泡、选择和插入算法对这 5 个字符串进行从小到大的排序，并输出排序后的 5 个字符串。

实践题 7：

试编程将以下数列延长到 35 个数据。

1, 1, 1, 1, 2, 1, 1, 3, 3, 1, 1, 4, 6, 4, 1, 1, 5, 10, 10, 5, 1, …

（提示：数列可看成是杨辉三角形）

实践题 8：

设数组 a 的初值为：

$$a = \begin{bmatrix} 1 & 0 & 2 \\ 2 & 2 & 0 \\ 0 & 1 & 0 \end{bmatrix}$$

上机实践，思考执行语句：

```
for(i=0;i<3;i++)
  for(j=0;j<3;j++)
    a[i][j]=a[a[i][j]][a[j][i]]
```

对原来数组的影响。

实践题 9：

编一个程序，按递增顺序生成集合 M 的最小的 100 个数，M 的定义如下：

（1）数 1 属于 M。

（2）如果 x 属于 M，则 y=2*x+1 和 z=3*x+1 也属于 M。

（3）再没有别的数属于 M。

（M={1,3,4,7,9,10,…}）

（提示：要防止重复数据送入 M。）

实践题 10：

编写程序，输入两个字符串 s_1 和 s_2，将第二个串插入到第一个串的前面，得到新的字符串 s_3，输出插入后得到的新字符串 s_3（s_1 和 s_2 保持不变）。

第8章

函数

基本内容

- 函数的概念和定义方法
- 函数的返回值类型和参数类型
- 调用函数的方法、函数的形参与实参关系
- 函数原型的使用
- 递归函数的概念和使用
- 数组作为函数参数的使用方法
- 变量各种存储类型的特点
- 全局函数与静态函数

重点

- 函数的基本概念、定义和调用方法
- 递归函数的定义与使用
- 数组作为函数的形参和实参的使用方法
- 不同存储类型变量的特点

难点

- 递归函数的定义与使用
- 数组作为函数的形参和实参的使用方法
- 各种不同存储类型变量的特点以及 C 程序的多文件结构

  函数的学习和使用，关键在于要理解和掌握函数的基本概念、函数的定义与调用方法（包括递归函数的定义与使用）、函数与数组之间的关系（主要是指数组作为函数的参数）和变量的存储类型等。下面将讨论其中几个比较重要的、容易混淆的内容（其他内容请读者参考本书配套教材），通过实例加以分析，希望读者能更深入地理解和更好地使用函数。在学完第 9 章指针之后，还应理解和掌握函数与指针的各种关系（返回值类型为指针的函数，函数的参数为指针以及指向函数的指针等）。

8.1　学习指导

8.1.1　函数的基本概念、定义与调用方法

  函数是 C 语言程序设计的重要内容，这是因为函数作为构成 C 程序的基本单位，在程

序设计中占有非常核心的地位。C 程序在结构上就是由一个主函数 main()和若干个子函数组成。其中，主函数 main()有且仅有一个，它可以调用其他子函数，子函数之间可以相互调用。当然，需要注意的是，其他子函数并不能调用主函数 main()。

C 语言中的函数根据它存在的方式可以分为系统提供的库函数和程序员自己定义的函数。通过本章的学习，读者必须理解和掌握函数的基本概念（包括函数的含义、函数的返回值类型和参数等、函数的自定义方法、调用函数的方法、主调函数与被调函数的关系等）、函数的嵌套调用及其特殊形式——递归函数、函数原型的作用等。

关于这些内容的详细说明不再赘述，这里只是简单地作出总结，详细内容请读者参考本书配套教材。

函数定义的一般形式为：

返回值类型 函数名(形式参数列表) {
　　函数体
}

程序员自定义的函数（被调函数）可以为其他函数（主调函数）提供一定的功能服务，主调函数在使用被调函数提供的服务时，必须遵循一定的规范（调用函数的方法）。主调函数调用被调函数时，实参将与形参发生值的传递，同时程序执行被调函数（控制权移交给被调函数），执行完毕，程序控制权再移交回主调函数，主调函数获取被调函数带回来的返回值，并对其进行使用。当然，在发生函数调用时，还需要将调用"现场信息"压入栈中进行保护，以便能在函数调用完毕之后正确返回到原来的调用点。

下面通过一些典型例子，以帮助读者更好地理解和掌握这些内容。

例 8-1　定义函数 int Biggest(int a, int b, int c)，求 3 个整数 a、b 和 c 的最大值并返回。

分析：给定 3 个整数，求其最大值的方法可以有多种。比如，可以采用两两比较的方法；也可以采用先获取两个整数的最大值，再求此最大值与剩下一个整数的最大值。本例采用后者进行程序设计。

```c
#include<stdio.h>
void main(void){
 int Biggest(int a, int b, int c);  /* 函数 Biggest 的原型说明 */
 int l,m,n;
 printf("Enter 3 inttegers:");
 scanf("%d%d%d",&l,&m,&n);

 printf("The biggest is %d\n",Biggest(l,m,n));
}

int Biggest(int a, int b, int c){
 int Bigger(int ,int );  /* 对定义在调用点之后的函数 Bigger()作原型说明 */
 int temp=Bigger(a,b);

 return Bigger(temp,c);
}
```

```
int Bigger(int x,int y){
 return (x>y?x:y);
}
```

程序运行结果如图 8-1 所示。

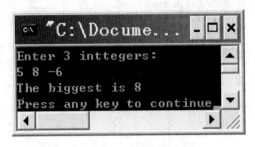

图 8-1　程序运行结果

说明：

（1）我们先定义了一个求两个整数较大值的函数 int Bigger(int x, int y)，通过调用它来求 3 个整数的最大值。

（2）在函数 int Biggest(int a, int b, int c)中调用了函数 Bigger，由于被调函数 Bigger 的定义在调用之后，所以需要在调用点之前使用函数 Bigger 的原型 int Bigger(int, in t)。同样地，在 main()中也对函数 Biggest 作了原型说明。当然，也可以将这两个函数的原型说明一起放在 main()之前。

（3）函数有返回值时，此返回值必须通过函数体中的 return 语句获得。在函数 Bigger()和函数 Biggest()中都有相应的 return 语句得到较大值和最大值。

（4）在 C 语言中，函数的返回值类型为 int 时，可以缺省返回值类型 int 的书写。但建议大家还是写上比较好，特别是对初学者。

（5）当函数没有返回值类型时，建议在定义函数时，最好还是在函数名之前写上 void（尽管可以不写），同时在函数体中也可以缺省 return 语句的书写。

（6）请大家注意函数调用时实参与形参的结合以及程序执行的流程，读者可以自己在本子上画出。

例 8-2　分析下面程序的运行结果，注意其中实参与形参的结合方法。

```
#include<stdio.h>
void fun(int a,int b,int sum){
 sum=a+b;
 printf("In fun:sum=%d\n",sum);
 return;
}

void main(void){
 int x=10,y=20,z=0;
 fun(x,y,z);
```

```
printf("In main:z=%d\n",z);
}
```

程序运行结果如图 8-2 所示。

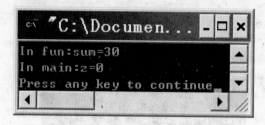

图 8-2　程序运行结果

说明：

（1）本题用来说明调用函数时，主调函数的实参与被调函数的形参之间的结合方式。当然，说明这个问题的典型例子是实现两个参数交换的函数 int swap（int x,int y），参看本书配套教材有关"值参数传递"部分。

（2）在 fun 函数体内，sum 值为 30，但调用函数 fun 结束返回到 main()函数时，与 sum 对应的实参 z 的值并不是 30。这就是所谓的"值参数传递"方式，即形参与实参结合时，实参 z 只是将它值的一个备份传送给形参 sum，而 sum 在函数体内的变化并不会传回给 z。本质上，变量 z 和变量 sum 是相互独立的两个存储单元，而且，它们作用的生命期和作用域都是不同的。

（3）调用函数时，传入的实参可以是变量或表达式，但其值必须是确定的。如，将 z=0;去掉，试分析程序运行的结果如何？

（4）在学完指针之后，我们可以方便地实现"双向传递"。即让形参的变化值传回给它的实参。

```
#include<stdio.h>
void fun(int a,int b,int *psum){
 *psum=a+b;
 printf("In fun:*psum=%d\n",*psum);
 return;
}
void main(void){
 int x=10,y=20,z=0;
 fun(x,y,&z);
 printf("In main:z=%d\n",z);
}
```

例 8-3　定义递归函数 int max(int a[],int n)，返回数组 a 中 n 个元素的最大值。

分析：给定 n 个数组元素，求其最大值，可以直接采用"擂台法"进行，但题目要求采用递归函数来实现。要定义递归函数，关键在于构造一个递推的过程和寻找递推终止的条件。我们可以构造如下公式：

$$a \text{ 中 } n \text{ 个元素的最大值} = \begin{cases} a \text{ 中前 } n-1 \text{ 个元素的最大值与 } a[n-1] \text{ 的最大者,} & n \neq 1 \text{ 时} \\ a[0], & n=1 \text{ 时} \end{cases}$$

所谓递归的调用，就是一个函数在函数体中再次调用本身这个函数的过程。这个递归的调用过程并不会产生"悖论"，因为它存在一个调用的结束条件，而且能保证最后能达到这个终止条件，使递归调用过程趋向结束。

```c
#include<stdio.h>
int maxofarray(int a[],int len){
if(len==1)
    return a[0];
  else
    return a[len-1]>maxofarray(a,len-1)?a[len-1]:maxofarray(a,len-1);
   }
void main(void){
    int b[]={12,2,3,4,5,16,1,8,9,7};
    int size=sizeof(b)/sizeof(int);
    printf("Max=%d\n",maxofarray(b,size));
}
```

程序运行结果如图 8-3 所示。

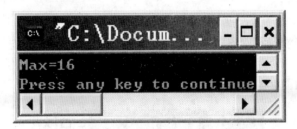

图 8-3　程序运行结果

说明：

（1）递归函数的特点在于在函数的实现过程中（函数体）又调用了本身这个函数，而在子函数的执行过程中会再次调用本身，直到遇到递归终止条件为止。

（2）递归函数的每向下一层的调用，使得所要解决的问题的规模逐步缩小，直到递归结束。

（3）本例中，开始求数组中 n 个元素的最大值，在求的过程中，要用到求数组中 n–1 个元素的最大值，而这个问题和求 n 个元素最大值的问题在本质上是一样的，只是规模不同（在缩小），因此，可以使用调用本身这个函数的方法来解决，如此反复，直到 n 为 1 时，直接求得一个元素的最大值为止。

（4）递归函数的使用一般都比非递归方法思路清晰明了，而且有些问题采用非递归方法解决非常困难，甚至无法解决。所以，请读者一定要注意递归函数设计的重要性，逐步学会定义递归函数解决一些简单的问题。当然，递归函数并非能解决所有的问题。

（5）请大家参看教材中的一些典型递归函数的例子。

例 8-4   编写递归函数，将十进制无符号整数转化为对应的二进制数。

分析：实现将十进制数转化为二进制数的方法很多，如果采用递归函数实现，也有很多方法，这里给出一种递归的方法。即把转化结果作为一个长整数来看待，这样要把无符号整数 n 转化为二进制长整数，就存在如下递推关系：

$$无符号整数 n 的转化结果=\begin{cases} n\%2+(n/2)的转化结果\times 10, & n\neq 1 \text{ 时} \\ 1, & n=1 \text{ 时} \end{cases}$$

```c
#include<stdio.h>
long DtoB(unsigned n){
 long result;

 if(n==1)  result=1;
 else    result=n%2+DtoB(n/2)*10;
 return result;
}
void main(void){
 int m;
 printf("Please enter m:");
 scanf("%d",&m);

 printf("Binary form of %d is %ld.\n",m,DtoB(m));
}
```

程序运行结果如图 8-4 所示。

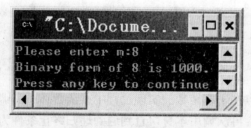

图 8-4   程序运行结果

说明：

（1）实际上采用递归的方法来输出十进制数 n 的转化结果，方法还有很多，如直接输出字符 '0' 或 '1' 或者数值 0 或 1；或者可以将转化结果中的各个 0 或 1 存储至一个数组中，数组可以作为函数的参数或者作为全局数组，等等。请读者自行思考设计程序实现。

（2）从本例也可以看出，用递归的方法解决问题更能深入问题的本质，抓住问题的关键，使读者更好地理解解决问题的方法。

（3）当然，采用递归的方法解决问题，需要经验和相关知识的积累，初学者只要能搞清楚其实现机制，能用递归的方法解决一些简单的或很常见的问题就可以了。

8.1.2　数组作为函数参数的使用

数组与函数的关系非常紧密。比如，数组元素或数组都可以作为函数的参数（形参与实参），函数内部可以定义和使用数组，等等。

当数组作为函数的形参时，实参可以是数组名或指针；数组也可以作为函数的实参，此时对应函数的形参可以是数组或指针。在大家学完指针之后，可以对此有更深的理解。

例 8-5　编写函数求一维数组中元素的最大值。

```
#include<stdio.h>
int max(int a[],int n){
  int k,max=a[0];
  for(k=1;k<n;k++)  if(a[k]>max) max=a[k];
  return max;
}

void main(void){
  int data[]={1,2,3,-5,34,6,7};
  int size=sizeof(data)/sizeof(int);

  printf("max=%d\n",max(data,size)); /* max(&data[0],size) */
}
```

程序运行结果如图 8-5 所示。

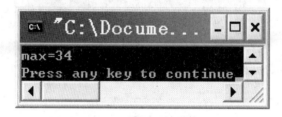

图 8-5　程序运行结果

说明：

（1）函数 max 的第 1 个形参为数组，调用该函数时，传入的实参为数组名 data。当然，实参类型也可以是指针类型 max(&data[0],size)。

（2）如果将 main()中的函数调用 max(data,size)改为 max(data,data[5])，则求到的是数组中前 6（data[5]的值为 6）个元素的最大值。即数组元素也可以作为函数的实参使用。

（3）当函数的形参为一维数组时，可以省略数组的第一维大小。

例 8-6　编写函数，将二维数组中各列元素的最大值存储至另一个一维数组中。

分析：将二维数组和存储各列最大值的一维数组作为函数的两个形参。先初始化该一维数组的各元素值为各列中的第一个（即第一行）元素值，再通过"擂台法"比较求得各个最大值，分别存储至该一维数组中。

```
#include<stdio.h>
void col_max(int a[][4],int m,int result[4]){
 int col,row,k;
 for(k=0;k<4;k++) result[k]=a[0][k];
 /* 初始化一维数组 result 的各元素值为每列中的第一个 */

    for(col=0;col<4;col++)
    for(row=0;row<m;row++)
        if(a[row][col]>result[col]) result[col]=a[row][col];
}

void main(void){
 int data[3][4]={{1,2,3,4},{2,3,4,5},{3,4,5,6}};
 int size=sizeof(data)/sizeof(data[0]);
 int r[4],k;    /* 一维数组 r 存储各列的最大值 */

 col_max(data,size,r); /* 本例等价于 col_max(data,3,r) */
 for(k=0;k<4;k++)
    printf("The biggest in column %d is %d\n",k+1,r[k]);
}
```

程序运行结果如图 8-6 所示。

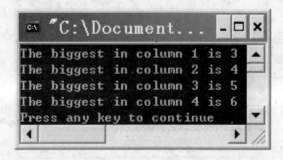

图 8-6　程序运行结果

说明：

（1）函数 col_max 的第 1 个参数为二维数组 a，可以省略它的第 1 维长度，但不能省略它的其他维的长度，这点可以推广到多维数组。此处，我们用第 2 个参数 m 表示它的第 1 维大小，这样可以增强该函数的通用性，即二维数组的第 1 维大小可以通过实参 size 传入。

（2）调用函数 col_max 时，第 1 个实参为二维数组名，第 3 个参数为一维数组名。

（3）为了使程序更为通用，先用 size 自动算出二维数组 data 的行数。data[0]为数组 data 的一个元素，通过表达式 sizeof(data)/sizeof(data[0])可以算出二维数组的元素个数，即行数。

例 8-7　编写函数，根据指定的开始位置，取字符串的一个子串。如，字符串"abcdefg"，指定子串的开始位置为 3，则取得的字串为"cdefg"。

分析：将原始字符串和结果串作为函数的两个参数，指定的开始位置也作为函数的参数。可以采用逐个字符复制的方法实现。

```c
#include<stdio.h>
#include<string.h>
#include<stdlib.h>
void substring(char name[20],int start,char subname[20]){
  int k,len;
  len=strlen(name);

  if(start<1||start>len){   /* 检查起始位置的合法性 */
    printf("Error start!\n");
    exit(1);
  }

  for(k=start-1;k<=len;k++)  /* 逐个复制各个字符，包括结束标记字符 */
    subname[k-(start-1)]=name[k];
}

void main(void){
  char str[20]="Beijing Uni.",sub[20];
  int n=4;
  substring(str,n,sub);
  puts(sub);
}
```

程序运行结果如图 8-7 所示。

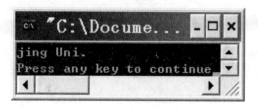

图 8-7　程序运行结果

说明：

（1）字符数组（字符串）也经常用做函数的形参，函数体内需要对字符数组进行处理。

（2）逐个复制各个字符时，不要丢掉作为字符串结束标记字符 '\0' 的复制。

（3）在复制之前，有必要对参数 start 进行合法性的检查，以增强函数的健壮性。

（4）也可以采用其他方法求解本例，如，采用字符串处理函数的组合来实现。

8.1.3　变量的存储类型与程序的多文件结构

　　C 语言中变量有各种不同的存储类型，不同存储类型的变量，其性质是完全不同的。程序员书写程序时，必须弄清各种不同存储类型变量的不同特性，并加以巧妙使用。

例 8-8 设计函数，求二维数组的最大值和最小值。

分析：我们可以声明全局变量 Max 和 Min 来存储要求的最大值和最小值。

```c
#include<stdio.h>
int Max,Min;  /* 全局变量 */
void Max_Min(int a[][4],int row){
 int i,j;
 Max=Min=a[0][0]; /* 使用全局变量 */

 for(i=0;i<row;i++)
    for(j=0;j<4;j++){
        if(a[i][j]>Max) Max=a[i][j];
        if(a[i][j]<Min) Min=a[i][j];
    }
}

void main(void){
 int data[3][4]={{1,2,3,4},{2,3,4,5},{3,4,5,6}};
 int size=sizeof(data)/sizeof(data[0]);

 Max_Min(data,size);

 printf("Max=%d, Min=%d\n",Max,Min); /* 使用全局变量 */
}
```

程序运行结果如图 8-8 所示。

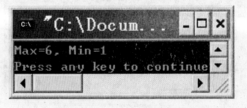

图 8-8 程序运行结果

说明：

（1）全局变量可以被所有函数使用，一旦它的值在某个函数中被改写，则另一个函数访问它时得到的是改写值。

（2）函数 Max_Min()求得二维数组的最大值和最小值后，在 main()中就可以访问求得的 Max 和 Min 值。

（3）一般来讲，全局变量在多个函数之间架设起沟通的桥梁，但过多地使用全局变量，会使各个函数之间的内聚性降低，耦合性增强，这是不好的。

（4）在一个程序文件中定义的全局变量，要在同一程序的另外一个程序文件中使用时，应在使用它的程序文件中所有函数体内部或外部对所使用的全局变量用 extern 说明（外部变量）。有关外部变量的例子可以参看教材。

（5）在同一个文件中全局变量与局部变量同名时，则在局部变量的作用范围内，全局变量不起作用。

例 8-9 编写程序，统计某函数被调用的次数。

分析：可以在被调用的函数中设置一静态局部变量 num，由它记录函数被调用的次数，即每调用函数一次，num 值加 1。

```c
#include<stdio.h>
int count(void){
 static int num=0;   /* 静态变量如没有初始值，则自动初始化为 0 */
     num++;
 return num;
}
void main(void){
 int i;
 for(i=0;i<10;i++)
 printf("%-3d",count());
}
```

程序运行结果如图 8-9 所示。

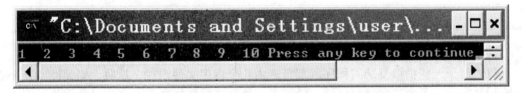

图 8-9 程序运行结果

说明：

（1）由于静态局部变量的生命期与整个程序一致，因此，在调用函数后，该静态局部变量仍然存储，下次调用时，就可以使用这个变量的最新值。根据这个特性，每次调用函数 count 之后，num 增 1。

（2）当然，也可以通过全局变量的方法来获得函数被调用的次数，但全局变量会打开在多个函数之间带来副作用的门户。

（3）不能在定义静态局部变量之外的函数直接访问静态局部变量，因为它是局部的。

静态局部变量在整个程序运行期间不再被重新分配，所以其生存期是整个程序运行期间。

（4）静态局部变量的赋初值的时间在编译阶段，并不是每发生一次函数调用就赋一次初值。当再次调用该函数时，静态局部变量保留上次调用函数时的值。

（5）类似地，全局静态变量、全局函数、静态函数等也有相似的含义，请读者参看教材的详细说明和例子分析。这里不再举例加以讨论。

例 8-10 多文件程序示意。

程序运行结果如图 8-10 所示。

```
/* fun.c */
#include<stdio.h>
/* extern */ void fun1(void)
{
    printf("fun1 is called.\n");
}
void fun2(void)
{
    printf("fun2 is called.\n");
}
```

```
/* main.c */
#include<stdio.h>
#include"fun.c"
void main(void)
{
    printf("In main:\n");
    fun1();
    fun2();
}
```

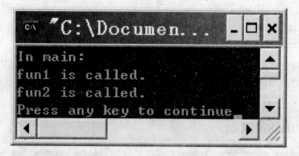

图 8-10   程序运行结果

说明：

（1）对于一些稍微复杂的程序，都可能由几个程序文件组成。这时，需要注意几个文件的相互联系。多个文件分别编译，经过多个目标文件链接之后，产生一个可执行程序。

（2）要注意，在不同的开发环境平台下，建立多文件工程的过程稍有不同，大家至少要学会在一种环境下开发多文件工程的方法，其他开发环境类似。

（3）另外，在多文件工程中，往往需要使用编译预处理指令，如，为了防止头文件file1.h 内容在多个文件中被重复包含，可以使用编译预处理指令：

```
#ifndef FILE1.H
#define FILE1_H
头文件内容
#endif
```

初学者一般较少使用这种多文件的程序结构，需要时，可以查看相关资料。

（4）在隐含情况下，函数都为外部函数，所以在定义函数时，函数返回值类型前的 **extern** 说明可以省略。但如果将函数说明为 static（静态）函数，则其他文件中的函数就不能调用该静态函数了。这些内容请读者上机实践。

8.2   多文件结构的 C 程序编译、链接与运行

如果 C 程序由多个源程序文件组成，则应当对多个文件分别进行编译，得到多个.obj 文件（目标文件），再将这些目标文件以及库函数、包含文件等进行链接，得到最后的一个

可执行文件.exe。这个过程 TC 比较麻烦，VC 较为简单。下面分别简单描述之。

1．TC 下的多文件 C 程序的编译、链接与运行

假设我们设计的 C 程序由两个文件组成，一个叫 f1.c，另一个叫 f2.c。首先要将这两个文件组成一个"工程项目"（Project），一个工程项目对应一个应用程序。为此要建立一个"项目文件"，让该项目文件包含这两个文件的名字，然后将该项目文件进行编译和链接，得到可执行文件。

首先在编辑环境中，输入两个源文件的名字，如 f1.c 和 f2.c。保存这两个源文件为一个工程文件，如 D:\myfirst.prj（prj 是 project 的缩写），如图 8-11 所示。

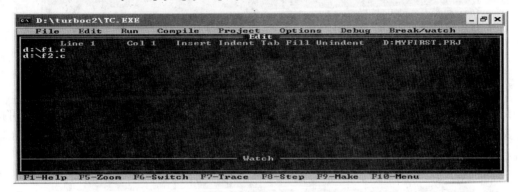

图 8-11　工程文件的内容

再按原来的方法创建 f1.c 和 f2.c，如图 8-12 和图 8-13 所示。

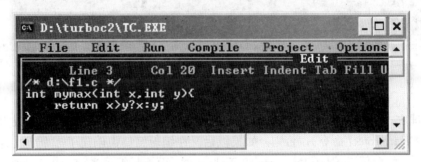

图 8-12　源文件 f1.c 的内容

图 8-13　源文件 f2.c 的内容

执行 Compile|Make EXE file 命令，如图 8-14 所示。

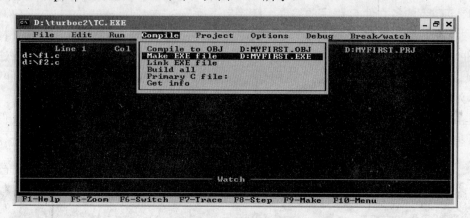

图 8-14　执行 Compile|Make EXE file 命令

系统就对此项目文件进行编译和链接，并生成两个目标文件 f1.obj 和 f2.obj 以及可执行文件 myfirst.exe。如果源文件有错误，则会提示错误，并指示错误的出处，如图 8-15 所示。

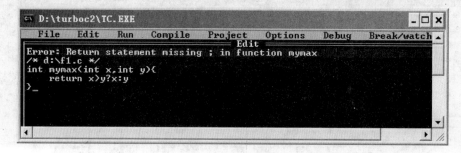

图 8-15　提示错误

在处理完一个多文件 C 程序的编译、链接和运行后，应及时将 Project name 项清空（选择 Project|Clear project 命令），否则，如果以后又在编辑窗口中创建了一个新文件，再执行编译链接时，就会仍然编译和链接原来的项目文件，而不是编译当前编辑窗口中的源文件。

到底是编译链接当前窗口的源程序文件，还是以前的项目文件，这可以通过菜单项后面给出的文件名知道。如图 8-16 所示正在编译的是当前编辑窗口中的文件 ANOTHER.C。

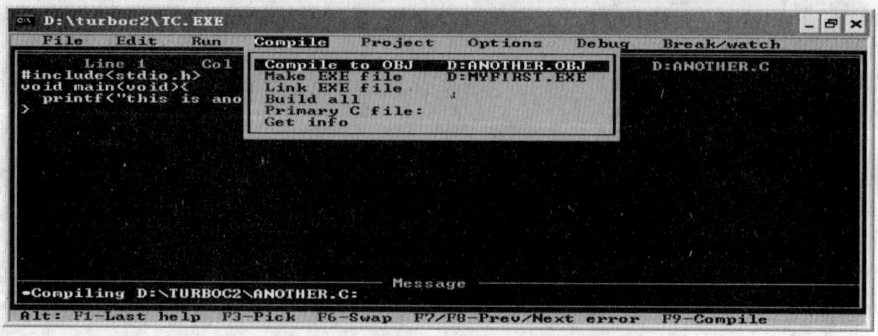

图 8-16　通过菜单项查看当前正在编译的源文件

2．VC 下的多文件 C 程序的编译、链接与运行

VC 下的多文件 C 程序的编译、链接和运行，也是通过一个工程文件实现的。如图 8-17 所示，执行"文件|新建"命令，再选择"新建"中的"工程"选项卡，选择工程类型为 Win32 Console Application（控制台应用程序），如图 8-18 所示填写工程名以及要存储的位置。

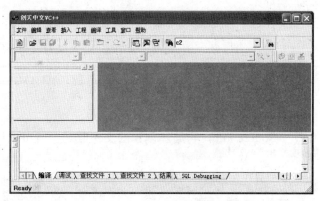

图 8-17　启动 VC6 时的界面

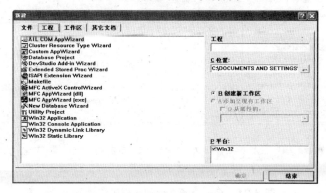

图 8-18　选择"工程"选项卡中的 Win32 Console Application 选项

得到一个空的工程文件，如图 8-19 所示。

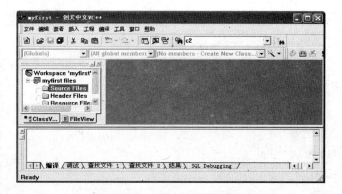

图 8-19　产生的空的工程文件

再通过"工程|添加工程|新建"命令，打开"新建"对话框，如图 8-20 所示。

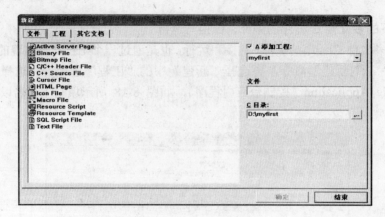

图 8-20 "新建"对话框

选择文件类型为 C++ Source File，再给新创建的文件取名，就可以将这个文件加入到工程中，如图 8-21 所示。

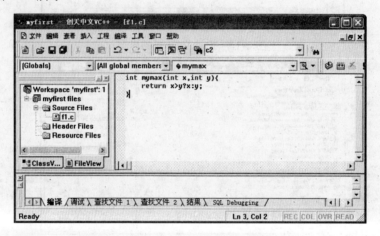

图 8-21 将一个源文件加入到工程文件中

采用同样的方法，再创建另一个文件，并加入到工程中，如图 8-22 所示。

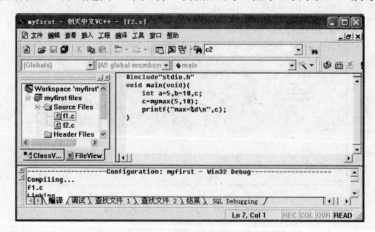

图 8-22 将另一个源文件加入到工程文件中

直接编译各个源文件，链接创建可执行程序，直至运行可执行程序，如图 8-23 所示。

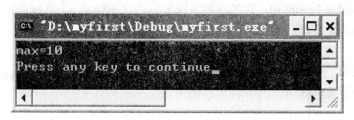

图 8-23　编译各个源文件，链接创建可执行程序

实际上，在 VC 上还可以采用其他方法创建多文件结构的程序，这里不再赘述。

8.3　上机实践

函数作为构成 C 程序的基本单位，大家应该熟练地掌握和使用它。即要熟练地定义函数和使用各种函数。而这必须通过大量的上机实践环节来加深理解和巩固。实际上，我们教材上的例题和指导书上的所有例题都是很好的上机实践题目，希望大家在上机实践的时候一一执行，观察结果。

下面给出几个上机实践题，作为本章学习的上机实践，其中实践题 1 作为必做题，其他为选做题，希望大家认真完成。

实践题 1：

用弦截法求方程 $f(x)=x^3-5x^2+16x-80=0$ 的根。

实践目的： 帮助读者理解函数的概念、函数的定义和调用方法等，进一步加强运用函数分析和解决实际问题的能力。

实践参考学时： 4～8 学时。

实践内容：

（1）取两个不同点 x_1、x_2，如果 $f(x_1)$ 和 $f(x_2)$ 符号相反，则 (x_1,x_2) 区间内必有一个根。如果 $f(x_1)$ 与 $f(x_2)$ 符号相同，则应改变 x_1、x_2，直到 $f(x_1)$、$f(x_2)$ 符号相反为止。注意 x_1、x_2 的值不应差太大，以保证 (x_1,x_2) 区间内只有一个根。

（2）连接 $(x_1,f(x_1))$ 和 $(x_2,f(x_2))$ 两点，此线（即弦）与 X 轴相交于 x。

（3）若 $f(x)$ 与 $f(x_1)$ 符号相同，则根必在 (x,x_2) 区间内，此时将 x 作为新的 x_1。如果 $f(x)$ 与 $f(x_2)$ 符号相同，则表示根在 (x_1,x) 区间内，将 x 作为新的 x_2。

（4）重复步骤（2）和（3），直到 $|f(x)|<\varepsilon$ 为止，ε 为一个很小的数，例如 10^{-6}，此时认为 $f(x)\approx0$。

基本要求：

分别用几个函数来实现各部分功能：

（1）调用函数 $f(x)$，求函数 $x^3-5x^2+16x-80$ 的值。

（2）调用函数 xpoint (x_1,x_2)，求 $(x_1,f(x_1))$ 和 $(x_2,f(x_2))$ 的连线与 X 轴的交点 x 的坐标。

（3）调用函数 root (x_1,x_2)，求 (x_1,x_2) 区间的那个实根。显然，执行 root 函数过程中要调用到函数 xpoint，而执行 xpoint 函数过程中要调用到 f 函数。

实践题 2:

编写函数 double fun(int n)，它的功能是求 n 以内（不包括 n）同时能被 5 与 11 整除的所有自然数之和的平方根，并作为函数值返回。

实践题 3:

编写函数 void Fun(int a[3][4],int b[12])，实现将二维数组 a 中的各元素按行列的先后次序依次存储到一维数组 b 中，并设计程序调用它。

实践题 4:

编写函数 long fun(int a[], int b[], int n)，计算一维数组 a 表示的行向量与一维数组 b 表示的列向量的乘积，并测试之。两向量的元素个数为 n。向量 a 与向量 b 的乘积 c 为:

$$a=(a_1, \ a_2, \ \cdots \ , \ a_n), \ \ b= \begin{pmatrix} b_1 \\ b_2 \\ \cdots \\ b_n \end{pmatrix}, \ \text{则} \ c=\sum_{i=1}^{n} a_i * b_i$$

实践题 5:

编写函数 fun(char str[], int n)，将字符数组 str 中存储的字符串除首、尾字符（不变）外，其余字符按 ASCII 值升序排列，n 为字符串的长度。如，str 中存储的字符串为"HdbaP"，则排序后的字符串为 "HabdP"。

实践题 6:

编写递归函数，求满足不等式 $1^2+2^2+3^2+\cdots+n^2<1000$ 的最大整数 n。

实践题 7:

自己设计一个多文件程序，并使用静态全局变量，上机实践之。

实践题 8:

分析下面递归函数的功能:

```c
#include<stdio.h>
void NumToStr(int m,char a[100],int k){
 if(k==0) return ;
 a[--k]=m%10+48;
 m/=10;
 NumToStr(m,a,k);
}
void main(void){
int i,x,k=0;
char a[100],sign=' ';
printf("\nInput x:");
scanf("%d",&x);
if(x<0){
    sign='-';
    x=-x;
}
i=x;
```

```
do{
    i/=10;
    k++;
}while(i!=0);
a[k]='\0';
NumToStr(x,a,k);
printf("The string is %c%s\n",sign,a);
}
```

（提示：采用递归函数实现将任意位数的整数转换成字符串输出。在主函数中，也可以处理输入的负数。函数 void NumToStr(int m,char a[100],int k)中参数 k 是要转换的数的位数，a[100]存放转换的结果串。）

实践题 9：

设 A 是有 n 个元素的整型数组（n≥1），分别编写求 A 中 n 个整数的最大值、最小值和平均值的普通函数和递归函数，并编写程序测试之。

实践题 10：

编写函数 void fun(int a[4][5], int b[20], int num[20])，将数组 a 中的各个元素（假设值都在 0~19 之间）依据其存储位置（从低地址到高地址）复制到一维数组 b 中的相应位置中（从低地址到高地址）。然后，统计每个元素出现的次数，将统计结果存放于一维数组 num 中（元素 b[i]的出现次数存储在 num[b[i]]中）。

第9章 指针

指针

基本内容

- 指针的基本概念和简单使用方法
- 指针与一维数组、二维数组的关系
- 指针与字符串的关系
- 指针与函数的关系
- 动态存储分配的方法

重点

- 理解指针的基本概念，它是使用指针的基础
- 理解指针与数组、字符串的各种关系，通过指针访问数组元素、使用字符串
- 理解通过指向函数的指针调用函数的方法和指针作为函数参数的使用方法
- 掌握动态内存分配的方法

难点

- 指针的基本概念
- 指针与数组、指针与函数等的关系
- 动态存储分配

  指针是学习 C 语言程序设计的一个重要内容，也是初学者最不容易掌握的内容。我们认为，学习和使用指针的关键，就在于正确地理解指针的基本概念，这是解决所有难点的关键所在。只有真正理解和掌握了指针的基本概念之后，才能理解指针与数组、指针与函数、指针与字符串等的复杂关系，才能通过动态存储分配的方法来使用动态数组，等等。下面主要说明几个重要的内容，列举一些应用例子，希望大家能认真思考、理解、消化和掌握，再结合教材上的内容和例题，举一反三，学习和掌握指针及其使用方法。

9.1 学习指导

9.1.1 指针的基本概念

  指针是一种数据类型，用来表示内存地址。某个变量是指针类型的变量，指的是这个变量的值是一个内存地址值，这个地址单元内存储了另一个变量的值，这时，称指针变量

就指向了另一个变量。这样，就可以借助于这个指针变量来间接访问另一个它所指的变量。间接访问是使用指针变量的根本所在。

指针的基类型说明了它所指变量的类型，即表示指针变量的值（地址）里所存储的另一个变量的类型。

例 9-1 指向变量的指针变量的简单使用。

```
#include<stdio.h>
void main(void){
  int a=10,*p=&a;              /* 声明指针变量 p，并初始化，让它指向变量 a */
  printf("a=%d\n",a);          /* 直接访问变量 a */
  printf("a=%d\n",*p);         /* 通过指向 a 的指针 p 间接访问变量 a */

  printf("address of is %p\n",&a); /* 通过取地址运算符，输出变量 a 的存储地址 */
  printf("Address of a is %p\n",p);
                               /* 通过指向 a 的指针，输出变量 a 的存储地址 */

}
```

程序运行结果如图 9-1 所示。

图 9-1 程序运行结果

说明：

（1）本例很简单，但已经给出了指针变量的定义、初始化和简单的使用方法。

（2）注意与指针有关的两个运算符 '&'、'*' 的使用，一个是取变量的存储地址，另一个是根据指针，间接访问它所指的变量。

（3）在不同的编译系统上，上面输出地址的结果可能会有所不同，请读者注意。

（4）指针在使用之前，一定要有确定的值（有所指），否则使用它会发生运行错误（或预想不到的结果），尽管能通过编译。如：

```
#include<stdio.h>
void main(void){
 int a=1,b=2,c=3;
 int *p;
 *p+=1;  /* 错误：在指针变量 p 无所指的情况下，使用了它 */

 printf("%d\n",*p);
}
```

9.1.2　指针与数组的关系

指针与数组的关系非常紧密，这是因为数组名本身就属于指针类型，它是一个指向数组中首元素的指针（常指针）。因此，在使用数组时，除了采用数组的方法访问数组元素之外，还经常会通过使用指针的方法来访问数组元素。读者一定要把握指针与数组的这种紧密关系，灵活运用指针使用数组。

例 9-2　显示不同类型数组中数组元素的各地址。

```c
#include<stdio.h>
void main(void){
 int iarray[10];
 float farray[10];
 double darray[10];

 int k;
 printf("\t\t int\tfloat\tdouble\n");
 for(k=0;k<10;k++)
 printf("Element %d\t%ld\t%ld\t%ld\n",k,iarray+k,farray+k,darray+k);
}
```

程序运行结果如图 9-2 所示。

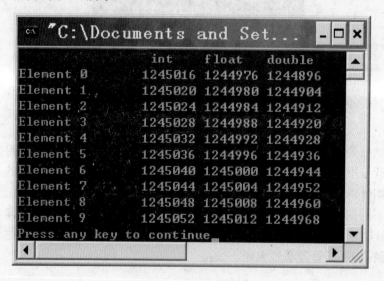

图 9-2　程序运行结果

说明：

（1）在不同的开发平台上，结果可能不同（本例是在 VC 6.0 上的结果），但相邻元素地址之间的规律是一致的。

（2）表达式 iarray+k 等价于 &iarray[k]。

（3）从本例可以看出，数组中各元素按其序号的先后在内存中连续排列，即数组中逻辑上相邻的两个元素在物理存储位置上也相邻，这就是数组这种数据结构的特点。

例 9-3　定义二维数组 int a[3][4]，采用各种方法访问元素 a[2][3]。

分析：数组与指针的关系非常紧密，要访问元素 a[2][3]，可能有各种不同的方法。但这里必须理解指针与一维数组、指针与二维数组之间的关系以及二维数组与一维数组之间的关系。

```
#include<stdio.h>
void main(void){
 int a[4][5]={{1,2,3,4,5},{2,3,4,5,6},{1,3,5,7,9},{1,2,3,4,5}};
/*(1)*/  printf("(1)a[2][3]=%d\n",a[2][3]);
/*(2)*/  printf("(2)a[2][3]=%d\n",*(*(a+2)+3));
/*(3)*/  printf("(3)a[2][3]=%d\n",*(a[2]+3));
/*(4)*/  printf("(4)a[2][3]=%d\n",(*(a+2))[3]);
/*(5)*/  printf("(5)a[2][3]=%d\n",*(a[0]+13));
/*(6)*/  printf("(6)a[2][3]=%d\n",*((*a)+13));
/*(7)*/  printf("(7)a[2][3]=%d\n",*(&a[2][2]+1));
/*(8)*/  printf("(8)a[2][3]=%d\n",*(&a[2][4]-1));
         /* ... */
}
```

程序运行结果如图 9-3 所示。

图 9-3　程序运行结果

说明：

（1）第（1）种方法通过二维数组及其两个下标来访问指定元素。

（2）第（2）种方法是对二维数组名 a，先后移 2，即(a+2)得到指向第 3 行（一维数组）的指针，再通过*(a+2)得到指向第 3 行的第 1 列元素的指针，再通过对这个指针后移 3，即(*(a+2)+3)，得到指向第 3 行第 4 列元素的指针，再间接访问到第 3 行第 4 列的元素值，即*(*(a+2)+3)。

（3）（3）、(4)是(2)的变形，(5)通过指向 a[0][0]的指针 a[0]做后移来得到指向 a[2][3]的指针。（6）是（5）的变形形式。(7)和(8)通过其相邻元素指针的前移或后移来得到指向 a[2][3]的指针。按照（7）和（8）的思路，还可以写出很多类似的访问方法。

（4）不管变化多么复杂，最根本的还是指针的基本概念。即要明确 a 是一个指向数组 a 首元素 a[0]（一维数组）的指针，而 a[0]又是一个指向它的首元素(a[0][0])的指针。这是理解数组和指针的关键之处，请读者再仔细考虑。

（5）另外，请读者再思考，表达式 a 和表达式 a[0]的值是否相同，其各自的含义是什么。

例 9-4   使用指向一维数组的指针。

```
#include<stdio.h>
void main(void){
 int a[2][5]={{1,2,3,4,5},{0,9,8,7,6}};
 int (*p)[5];                 /* 声明 p 是一个指向长度为 5 的一维数组的指针 */
 p=a+1;
/* 让 p 指向二维数组 a 中的第 2 个元素，即第 2 行（长度为 5 的一个一维数组）*/
 printf("%d\n",*(*p+2));      /* 通过 p 访问二维数组中的 a[1][2] */
 printf("%d\n",(*p)[2]);      /* 通过 p 访问二维数组中的 a[1][2] */
}
```

程序运行结果如图 9-4 所示。

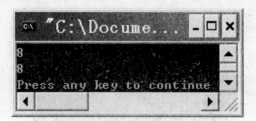

图 9-4   程序运行结果

说明：

（1）p 指向 a[1]，即 p 指向了一个长度为 5 的一维数组 a[1]。表达式*p（间接访问）相当于表达式 a[1]，这是指针的基本概念。所以表达式*(*p+2)就相当于表达式*(a[1]+2)，也相当于表达式 a[1][2]，也就相当于表达式(*p)[2]。

（2）指针可以当做数组名来使用，如(*p)[2]，其中(*p)就是一个指针（它相当于 a[1]），它指向二维数组第 2 行的首元素（第一个元素），此时，(*p)[2]的含义就与 a[1][2]的含义一样。

（3）当然，数组名也可以当做指针来使用（但数组名是一个常指针，不能修改其值）。因此，数组与指针经常混合起来使用，给初学者带来不少理解上的障碍。但我们还是认为，理解指针的基本概念最为关键，它是理解指针复杂使用的基础。

（4）类似地，可以使用指向二维数组以及指向多维数组的指针等。

9.1.3   指向指针的指针和指向函数的指针

实际上，上面例子中已经多次碰到了指向指针的指针。如，int a[2][5]，数组名 a 就是一个指向它的首元素 a[0]的指针，而 a[0]本身也是一个指向它的首元素 a[0][0]的指针。因此，a 就是一个指向指针的指针。

例 9-5 使用指向指针的指针。

```c
#include<stdio.h>
void main(void){
 int a=10;
 int *pa=&a;
 int **q=&pa;

 printf("a=%d\n",a);
 printf("Address of a is %p\n",pa);
 printf("Adress of pa is %p\n",q);

 printf("a=%d\n",*pa);
 printf("a=%d\n",**q);
 printf("*q=%p\n",*q);
}
```

程序运行结果如图 9-5 所示。

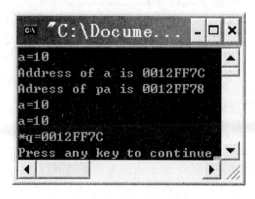

图 9-5　程序运行结果

说明：

（1）pa 指向变量 a，指针 q 指向指针 pa，所以 q 就是一个指向指针的指针。

（2）本例中，表达式 p 的值与*q 的值相同。

（3）关于指向指针的指针的使用，关键还是在于指针的基本概念。类似地，可以使用多级指针。

指针也可以指向函数，通过该指针就可以调用函数了。由于指针可以指向多个同类型的函数（参数类型相同、返回值类型相同的函数），因此，借助指针就可以实现调用不同的函数，这就是使用指向函数指针的用处所在。

例 9-6 指向函数指针的使用。

```c
#include<stdio.h>
void fun1(void){
```

```
    printf("fun1 is called.\n");
}
void fun2(void){
    printf("fun2 is called.\n");
}
void main(void){
    void (*p_fun)(void);
    p_fun=fun1;
    (*p_fun)();

    p_fun=fun2;
    (*p_fun)();
}
```

程序运行结果如图 9-6 所示。

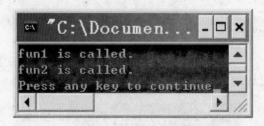

图 9-6   程序运行结果

说明：

（1）指向函数的指针变量 p_fun 指向不同的函数，这样就可以统一用一个指针 p_fun 来调用不同的函数，这就是指向函数的指针的作用所在，请读者加以理解。特别是，当指向函数的指针 p_fun 作为另一个函数的形参时，根据传递给 p_fun 的不同的实参（函数名），就可以使用这些不同的函数了。其他例子请读者参看教材。

（2）请大家注意指向函数指针的声明方法以及如何通过指向函数的指针调用它所指函数（可以带参数或不带参数）的方法。

（3）函数名本身就是一个指向函数的指针。

9.1.4   指向字符串的指针

使用字符串的一种重要方法就是通过指向字符串的指针（另一种方法就是通过我们前面所讲的字符数组）。所以，熟练使用指针来处理字符串是学习和使用指针必须要掌握的。

例 9-7   通过指针使用字符串。

```
#include<stdio.h>
char string[3][20]={"read error","write error","other error"};
void main(void){
    char (*p)[20];
    for(p=string;p<string+3;p++)
```

```
printf("%s\n",*p);
}
```

程序运行结果如图 9-7 所示。

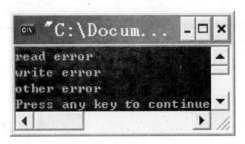

图 9-7 程序运行结果

说明：

（1）p 是一个指向长度为 20 的一维字符数组的指针。p=string；p 指向 string[0]，string[0] 指向第一个字符串 "read error"。

（2）注意在 printf("%s",*p)；中的*p 的写法，这里的*p 是一个指向某一个字符串的指针，输出的是它所指的字符串，而不是指针值（地址）本身。这点我们在教材中也有说明，请大家参考。

（3）可以通过 p 来访问二维字符数组中的某个字符，如，要输出第 3 个字符串中的第 3 个字符 'h'，则可以设计程序如下：

```
#include<stdio.h>
char string[3][20]={"read error","write error","other error"};
void main(void){
 char (*p)[20];
 p=string;
 printf("%c", *(*(p+2) +2) );
}
```

这里，也要搞清指针与数组的关系。

9.1.5 指针作为函数的参数以及返回指针的函数

指针可以作为函数的形参，但函数处理的对象是字符串时，经常要用指针指向要处理的字符串。函数也能返回指针类型，这在字符串处理函数中也经常用到。

例 9-8 编写函数，实现将两个字符串合并，即将第 2 个字符串连接在第 1 个字符串之后，并将结果串返回。

分析：要合并的两个字符串作为函数的参数，函数返回指向结果串的指针。

```
#include<stdio.h>
#include<malloc.h>
#include<string.h>
```

```
char* stringcat(const char* s1,const char* s2){
char* result=(char*)malloc(sizeof(char)*100);
                                        /* 产生接受结果串的存储空间 */
unsigned int k,i;
for(k=0;k<strlen(s1);k++)                /* 将第 1 个串复制到结果串中 */
    result[k]=s1[k];
for(i=0;i<strlen(s2);i++)                /* 将第 2 个串复制到结果串中 */
    result[k+i]=s2[i];
result[strlen(s1)+strlen(s2)]='\0';      /* 在结果串的最后打上结束标记字符 */
return result;                           /* 返回指向结果串的指针 */
}
void main(void){
 char *str1="abcde",*str2="xyz";
 char* r=stringcat(str1,str2);
 printf("The result string is %s.\n",r);
}
```

程序运行结果如图 9-8 所示。

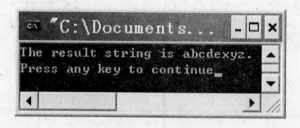

图 9-8　程序运行结果

说明：

（1）我们将两个源串都加上限定词 const，即函数不改变原来两串的内容，这样，就需要有存储结果的空间，这里使用了动态存储分配的方法来获取存放结果串的存储空间，result 存储其首地址。

（2）本例采用了逐个字符复制的办法实现两串的合并，但不要忘了将第 2 个串的结束标记字符也复制过去。

（3）类似地，可以写出其他有关字符串处理的函数。

（4）一般地，函数返回指针，不能返回局部变量的指针，可以返回全局变量、静态局部变量的指针以及动态存储分配的地址等。

例 9-9　编写函数，求二维数组的最大元素值，函数返回最大值的指针，同时由两个作为函数参数的指向整型的指针分别指向最大元素所在的行号和列号。

分析：可以通过"擂台法"进行求最大元素的操作，在比较的过程中，随时记录当前最大元素（当前"擂主"）的行号和列号。

```
#include<stdio.h>
int* Maxaddress(int a[][5],int n,int* Rindex,int *Cindex){
```

```
   int i,j;
   *Rindex=*Cindex=0;
   for(i=0;i<n;i++)
   for(j=0;j<5;j++)
     if(a[i][j]>a[*Rindex][*Cindex]) {
          *Rindex=i;
          *Cindex=j;
       }
       return &a[*Rindex][*Cindex];
}
void main(void){
 int data[3][5]={{1,2,3,4,5},{4,5,6,7,18},{34,21,56,66,0}};
 int row,col;
 int *p_max=Maxaddress(data,3,&row,&col);
 printf("Max=%d\n",*p_max);
 printf("The row of the max is %d\n",row+1);
 printf("The col of the max is %d\n",col+1);
 }
```

程序运行结果如图 9-9 所示。

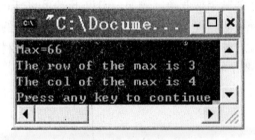

图 9-9　程序运行结果

说明：

（1）两个指针变量 Rindex 和 Cindex 指向当前最大元素的行下标和列下标。调用函数时，通过 row 和 col 得到行下标和列下标。请大家注意实参的写法和含义。

（2）函数的第一个形参为二维数组，对应的实参为二维数组名，实际上，二维数组名就是一个指向一维数组（长度为 5）的指针。

例 9-10　使用 void *型指针。

```
#include<stdio.h>
static int c=0;
void *Fun(int a,int b){
 c=a+b;
 return &c;
}


void main(void){
```

```
    int x=10,y=20;
    int *p=(int*)Fun(x,y);
    printf("sum=%d\n",*p);
}
```

程序运行结果如图 9-10 所示。

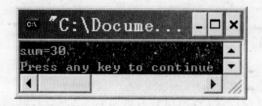

图 9-10　程序运行结果

说明：

（1）C 语言中新增加一种 void* 指针类型，即可以定义一个指针，但不指定它指向哪一种类型，即可指向任一类型数据，在将它的值赋给另一指针变量时要进行强制类型变换。如，char * p1;　void *p2; p1=(char*)p2;　/* 也可用 p2=(void*)p1 */，同理也可将一个函数定义为 void*型，例如，void* fun(ch1,ch2);表明函数返回一个指针，但它指向"空类型"，如果需引用它，也需进行强制类型变换。例如，p1=(char*)fun(c1,c2);。

（2）指针的使用十分灵活。程序员可以利用它编写出有特色的、质量优良的程序，但应用时也易于出错，并且这种错误难以察觉，因此有人说指针有利有弊，甚至是"程序员的杀手"，因此使用指针要小心谨慎。

9.2　上机实践

指针是 C 语言程序的核心，也是比较难以掌握的重要内容。读者要深入理解和应用指针，必须上机做大量的实践训练。我们在教材中和本指导书中列举了大量的典型例题，希望大家在上机实践的时候一一执行，观察结果。

下面给出几个上机实践题，作为本章学习的上机实践，其中，实践题 1 为必做题，其他为选做题，希望大家认真完成。

实践题 1：

编写函数，char* InsertStr(const char* s1, const char* s2, unsigned int start)，将 s1 所指的字符串插入到 s2 所指的字符串的 start 处。将结果串指针返回，不修改原来的两个串。

实践目的： 加深读者对指针基本概念的理解，帮助读者应用指针处理字符串的操作，提高运用指针处理字符串的能力。

实践参考学时： 4～6 学时。

实践内容： 完成函数 char* InsertStr(const char* s1, const char* s2, int start)的编写，函数实现将 s1 所指的字符串插入到 s2 所指的字符串的 start 处。将结果串指针返回，不修改原来的两个串。

基本要求：结果串存储在动态分配的地址空间中，不修改原来的两个串值，函数返回结果串的指针。

测试数据：设串 1 为"Tsinghua University"，串 2 为"I love"，插入位置为 8，结果串为"I love Tsinghua University"。

实践题 2：

完成函数 void fun(char *s)，其功能是：将 s 所指字符串中所有下标为偶数位置的字母转换为小写（若该位置上不是字母，则不转换）。如，字符串为"ABC4efG"，则转换为"aBc4efg"。

实践题 3：

使用指针的方法，编写函数 void fun(char* s)，实现将字符串中出现的所有 'F' 删除，并设计程序调用之。

实践题 4：

编写函数 void fun(char *s, char t[ ])，其功能是：将 s 所指字符串中下标为奇数的字符删除，串中剩余字符形成的新串放在 t 数组中。如，当 s 所指字符串为"siegAHdied"，则在 t 数组中的内容应是 seAde。

实践题 5：

编写函数 void fun(char * pstr[], int n)，其功能是：用冒泡法对 n 个字符串按从小到大的顺序进行排序。

实践题 6：

编写函数 void fun(char str[][10], int m, char *pt)，其功能是：将 m（1≤m≤10）个字符串反着连接起来，放入 pt 所指字符串中。如，把 3 个串"DEF"、"ac"、"df"反着串接起来，结果是"dfacDEG"。

实践题 7：

编写函数 int* fun(int grade[], int n)，其功能是：将存储在 grade 中的 n（n≥3）个学生的成绩的前 2 名成绩（包括相同成绩的情况）存放在一个动态分配的连续存储区中，函数返回此存储区的首地址。

实践题 8：

编写函数 void fun(int m,int *k, int xx[ ])，其功能是：将所有大于 1 小于整数 m 的素数存入 xx 数组中，素数的个数通过 k 传回。如，m=25，则素数为 2,3,5,7,11,13,17,19,23，个数为 9。

实践题 9：

分析以下程序的运行结果：

```c
#include<stdio.h>
void fun(int n,int *s){
 int f1,f2;
 if(n==1||n==2) *s=1;
 else{
    fun(n-1,&f1);
    fun(n-2,&f2);
```

```
    *s=f1+f2;
  }
 }
void main(void){
 int x;
 fun(6,&x);
 printf("%d\n",x);
}
```

实践题 10：

编写一个函数，通过指向函数的指针调用该函数，并设计程序测试之。

实践题 11：

调试下面程序的错误，使之能输出 5 个字符串中的最小字符串。

```
#include<stdio.h>
void main(void){
 char* name[5]={"windows","word","excel","foxpro","visualbasic"};
 char temp;
 int i;
 temp=name[0];
 for(i=1;i<5;i++)
   if(temp>(*name[i]) temp=name[i];
 printf("%s\n",*temp);
}
```

实践题 12：

上机运行如下程序，试分析其运行结果。

```
#include<stdio.h>
#define P(x) printf("%s",x)
char* c[]={"you can make statement","for the topic","the sentences","How
about"};
char **p[]={c+3,c+2,c+1,c};
char***pp=p;
void main(void){
 P(**++pp);
 P(*--*++pp+3);
 P(*pp[-2]+3);
 P(pp[-1][-1]+3);
}
```

第 10章

编译预处理

基本内容

- #define 预处理编译指令
- #include 预处理编译指令
- #if、#elif、#else 和#endif 预处理编译指令
- #ifdef 和#ifndef 预处理编译指令
- #undef 预处理编译指令

重点

- #define 预处理编译指令
- #include 预处理编译指令

难点

- #if、#elif、#else 和#endif 预处理编译指令
- #ifdef 和#ifndef 预处理编译指令
- #undef 预处理编译指令

C 程序员可以在 C 源程序中插入传给编译程序的各种指令。虽然这些称为预处理器指令（preprocessor directives）的内容实际上不是 C 语言的组成部分，但它们扩充了 C 程序设计环境。

预处理指令有许多非常有用的功能，例如宏定义、条件编译、在源代码中插入预定义的环境变量、打开或关闭某个编译选项等。对使用 C 语言的程序员来说，深入了解预处理指令的各种特征，也是编写高效程序的关键之一。

下面就几个最常用的、重要的预处理指令加以说明，希望读者能够理解它们的作用，并能在程序设计中加以使用。如果读者想了解更多的预处理指令，可以参考本书配套教材或其他工具书。

10.1 学习指导

10.1.1 #define

例 10-1 使用#define 指令。

```
#include<stdio.h>
#define PI 3.14
void main(void){
    float radius=2.0f;
    printf("Circle=%f\n",PI*radius);
}
```

程序运行结果如图 10-1 所示。

说明：

（1）预处理指令#define PI 3.14 导致编译器将源代码文件中的所有 PI 被替换为 3.14。但是需要注意，如果 PI 在双引号中，则不被替换。

（2）这种功能相当于使用编译器的"查找并替换"

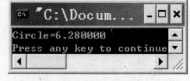

图 10-1　程序运行结果

功能。当然，#define 也并不局限于创建数值符号常量（有些作者也称它为宏）。如，可以如下使用：

```
#define OUTPUT printf
OUTPUT("Hello the world.\n");
```

例 10-2　分析下面程序的运行结果。

```
#include<stdio.h>
#define HALFOF(x) ((x)/2)
void main(void){
    float a=10;
    int b=20;
    printf("half of a is %f\n",HALFOF(a));
    printf("half of b is %d\n",HALFOF(b));
}
```

程序运行结果如图 10-2 所示。

说明：

（1）#define HALFOF(x) ((x)/2)创建了一个函数宏。之所以包含"函数"二字，是因为这种宏能接受参数，就像真正的函数那样。函数宏的优点之一是，其参数对类型不敏感，因此，可以将任何数值类型的变量传递给接受数值参数的函数宏。

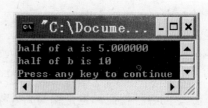

图 10-2　程序运行结果

（2）函数宏可以有多个参数。如：

```
#define AVERAGE3(x1,x2,x3)  ( ((x1)+(x2)+(x3)) /3 )
#define Larger(x,y) ((x)>(y) ? (x): (y) )
```

注意：宏可以有任意数目的参数，但列表中的所有参数都必须出现在替换字符串中。如，下面的宏定义是非法的，因为参数 z 没有出现在替换字符串中：

```
#define ADD(x,y,z) ((x)+(y))  /* error */
```

调用宏时，必须传递正确数目的参数。编写宏定义时，宏名后紧跟左括号 "("，中间不能有空白。左括号告诉编译器，定义的是一个函数宏，而不是符号常量。如：

```
#define SUM  (x,y,z)  ((x)+(y)+(z))
```

由于 SUM 和 "(" 之间有空格，因此预处理器将其视为一个简单的替换宏，将源代码中的每个 SUM 替换为(x,y,z)((x)+(y)+(z))，这显然不是我们所希望的。

另外，值得注意的是，在替换字符串中，每个参数都用圆括号括起。否则，可能产生我们不希望的结果。如：

```
#define SQR(x) x*x
```

调用该宏时使用简单变量作为参数，则不会发生问题。但如果将表达式作为参数，则会产生我们不希望的结果。如，result=SQR(x+y);得到的宏扩展为 result=x+y*x+y;，这显然不是我们所期望的。

10.1.2　#include

使用预处理编译指令#include 包含头文件，遇到该指令时，预处理读取指定的文件，并将其插入到该编译指令所在的位置。

在编译指令#include 中指定文件名的方式有两种。一种是将文件名用尖括号括起，如#include<stdio.h>，则预处理器将首先在标准目录中查找该文件，如果没有找到或没有指定的标准目录，则编译器将在当前目录中查找。所谓标准目录，在 DOS 中是环境变量 INCLUDE 指定的目录。有关 DOS 环境的完整信息，请参阅 DOS 文档。通常，使用 SET 命令来设置环境变量（这通常是在 autoexec.bat 文件中设置的）。大多数编译器在安装时，将自动在 autoexec.bat 文件中设置 INCLUDE 变量。

另一种指定包含的文件方法是，用双引号将文件名括起来，如#include"my.h"。在这种情况下，预处理器将在被编译的源代码文件所在的目录（而不是标准目录）中查找。一般来说，程序员编写的头文件保存在源代码文件所在的目录中，所以使用双引号将其括起。而标准目录只用于保存编译器自带的头文件。

注意：应避免将头文件包含多次。使用编译指令，可以避免将头文件包含多次。

```
1:  /*  prog.h——该头文件可以检查，避免多次被包含 */
2:  #if defined (prog_h)  /* 该头文件已经被包含 */
3:  #else
4:   #define prog_h
5:   /* 该头文件可以包含的命令或声明 */
6:
7:  #endif
```

请理解上面的头文件 prog.h 的作用：首先检查 prog_h 是否已经被定义。prog_h 类似于该头文件的名称。如果 prog_h 已被定义，立刻转到#endif 处，因此不执行任何操作。如果没有，则转到#else 语句处执行。在#else 后，首先定义了 prog_h。因此当再包含该文件时，不会执行任何操作。prog_h 头文件中可以包含任意数目的命令或声明。

10.1.3　#if、#elif、#else 和 #endif

这 4 个预处理编译指令用于控制有条件的编译。即仅当满足特定的条件时，才对源代码块进行编译。在很多方面，预处理编译指令#if 与 if 语句类似，区别在于，if 语句控制特定的语句是否执行，而#if 控制是否参与编译。

#if 的结构如下：

```
#if condition_1
  statement_block_1
#elif condition_2
  statement_block_2
  ...
#elif condition_n
 statement_block_n
#else
 default_statement_block
#endif
```

说明：

（1）#if 使用的测试表达式可以是结果为常量的任何表达式。#if 最常用于检测#define 编译指令创建的符号常量。

（2）其中每个 statement_block 由一条或多条语句组成，这些语句可以是任何类型的语句，包括预处理器编译指令。无需使用花括号将它们括起，虽然也可以这样做。

（3）编译指令#if 和#endif 是必不可少的，而#elif 和#else 是可选的。可以有任意多个#elif 编译指令，但是#else 只能有一个。编译器遇到编译指令#if 后，将检测其相应的条件。如果为 TRUE（非零），则对#if 后面的语句进行编译；如果为 FALSE（零），则编译器依次检测每个#elif 编译指令中的条件，并对第一个满足条件的#elif 编译指令中的语句进行编译。如果任何一个#elif 的条件都为 FALSE，则对#else 编译指令后面的语句进行编译。

（4）#if…#endif 结构中的语句块最多有一个被编译。如果其中没有#else 编译指令，则可能没有任何语句被编译。

#if…#endif 的另一个常见的用途是，用于包含有条件的调试代码。如，可以定义一个名为 DEBUG 的符号常量，并将其设置为 0 或 1，然后，在程序中插入调试代码如下：

```
#if DEBUG==1
    调试代码块
#endif
```

这样，在程序调试阶段，将 DEBUG 定义为 1，对代码块进行调试，调试完成后，将 DEBUG 重新定义为 0，并重新编译程序，这样调试代码就不会被包含进来。

（5）在编写有条件的编译指令时，defined()运算符很有用。该运算符检查某个名称是否已被定义。通过使用 defined()，可以根据名称是否被定义对编译进行控制，而不管该名称的值是多少。如：

```
#if defined ( DEBUG)
    调试代码块
#endif
```

也可以为：

```
#if !define(DEBUG)   /* 仅当名称 DEBUG 没有被定义时 */
#define DEBUG        /* 定义 DEBUG */
#endif
```

10.2　上机实践

C 语言与其他高级语言的重要区别之一，就是 C 语言中可以使用预处理编译指令，具有预处理的功能。预处理指令有许多很有用的功能。通过本章的学习，读者应理解并掌握常用的几个预处理编译指令的作用和使用方法。只有通过上机实践，才能加深理解和熟练使用。我们在本书配套教材中和本指导书中列举了大量的典型例题，希望大家在上机实践的时候——执行，观察其结果。

下面给出几个上机实践题，作为本章学习的上机实践，希望大家认真完成。

实践题 1：

上机分析下面程序的运行结果，理解其中#define 的用法。

```
#include<stdio.h>
#define HELLO_WORLD printf("hello,world!\n")
#define int double
void main(void){
    int a=10.5;
    double b=10.5;
    printf("a=%f\n",a);
        printf("b=%f\n",b);
    HELLO_WORLD;
}
```

实践目的：理解和掌握宏的定义和使用方法；理解文件包含的含义和使用方法；了解条件编译的使用方法。

实践参考学时：2 学时。

实践内容：完成以下各个实践题。

实践题 2：

使用#define 创建带参数的函数宏，求 3 个数的最大值。

实践题 3：

创建一个头文件 myfile.h，其中包含几个函数的原型说明。使用预处理编译指令#include

包含该头文件，同时又要避免多次包含头文件 myfile.h，并设计程序测试之。

实践题 4：

设计程序，使用预处理编译指令#if…#endif 来帮助调试代码块。

实践题 5：

设计程序，使用预处理编译指令#if-#elif-#else-#endif 来控制有条件的编译。

第 11 章
结构体、共用体、枚举类型

基本内容
- 结构体
- 结构体数组
- 结构体变量与指针
- 链表
- 共用体
- 枚举类型
- typedef 定义类型

重点
- 结构体变量的引用、赋值、输入和输出
- 结构体数组的引用
- 结构体变量与指针
- 链表的主要操作
- 共用体变量声明和使用
- 枚举类型变量的定义与声明

难点
- 结构体变量的引用、赋值、输入和输出
- 结构体变量与指针
- 链表的主要操作
- 共用体变量声明和使用
- 枚举类型变量的定义与声明

结构体、共用体、枚举类型的学习和使用，关键在于要理解和掌握结构体、共用体、枚举类型的基本概念，结构体、共用体、枚举类型的定义与引用方法。下面将讨论其中几个比较重要的、容易混淆的内容（其他内容请读者参考本书配套教材），通过实例加以分析，希望读者能更深入地理解和更好地使用结构体、共用体、枚举类型。

11.1 学习指导

11.1.1 结构体的基本概念、定义与引用方法

结构体是 C 语言程序设计的重要内容。为了处理更复杂的数据，C 定义一些功能强大、

使用方便的高级数据类型，结构体就是这样的数据类型。结构体还可以和数组联合使用，构成更复杂的数据类型，如结构体数组。通过本章的学习，读者必须理解和掌握结构体的基本概念（结构体定义，声明结构体变量、结构体成员为结构体的情况，结构体变量的初始化，结构体成员的表示，结构体变量的引用、赋值、输入和输出）。

关于这些内容的详细说明不再赘述，这里只是简单地作出总结，详细内容请读者参考本书配套教材。

结构体定义的一般形式为：

```
struct 结构体名{
        类型说明符 成员 1;
        类型说明符 成员 2;
        …
        类型说明符 成员 n;
    }
```

结构体变量的声明有 3 种方式：先定义结构，再声明变量；在定义结构体类型的同时声明结构体变量；直接声明结构体变量。

结构体成员的表示的一般形式为：

结构体变量.结构体成员名

结构体成员被引用出来后，与描述它的类型说明符所对应的变量的用法是一致的。

下面通过一些典型例子，以帮助读者更好地理解和掌握这些内容。

例 11-1 使用 SID：12345，Name：ZhaoXiaokun，Address：Building 23，Chinese：95，Math：94，English：89，初始化一个 stu 结构体变量，并打印出结果。

```c
#include<stdio.h>
#include<string.h>
void main(void){
    struct student{
            char SID[10];
            char Name[20];
            char addr[20];
            int score1;
            int score2;
            int score3;
    } stu = {"12345","ZhaoXiaokun","Building 23",95,94,89};
    printf("Student Info:\n");
    printf("SID\t\tName\t\tAddress\t\tChinese\tMath\tEnglish\n");
    printf("%s\t\t",stu.SID);
    printf("%s\t",stu.Name);
    printf("%s\t",stu.addr);
    printf("%d\t",stu.score1);
    printf("%d\t",stu.score2);
    printf("%d\n",stu.score3);
}
```

程序运行结果如图 11-1 所示。

图 11-1 程序运行结果

说明：

本题初始化结构体变量 stu，然后调用了 stu 的成员。初始化的工作在定义、声明的时候完成。

例 11-2 使用结构体存储一个学生的信息，如学号、姓名、宿舍、语文成绩、数学成绩、英语成绩。键盘输入，屏幕输出。

```c
#include<stdio.h>
#include<string.h>
struct student{
    char SID[10];
    char Name[20];
    char addr[20];
    int score1;
    int score2;
    int score3;
}
void main(void){
    struct student stu;
    printf("input student's ID: ");
    gets(stu.SID);
    printf("input student's Name: ");
    gets(stu.Name);
    printf("input student's Address: ");
    gets(stu.addr);
    printf("input student Chinese Score: ");
    scanf("%d",&stu.score1);
    printf("input student Math Score: ");
    scanf("%d",&stu.score2);
    printf("input student English Score: ");
    scanf("%d",&stu.score3);
    printf("Student Info:\n");
    printf("SID\t\tName\t\tAddress\t\tChinese\tMath\tEnglish\n");
    printf("%s\t\t",stu.SID);
    printf("%s\t",stu.Name);
    printf("%s\t",stu.addr);
    printf("%d\t",stu.score1);
    printf("%d\t",stu.score2);
```

```
        printf("%d\n",stu.score3);
}
```

程序运行结果如图 11-2 所示。

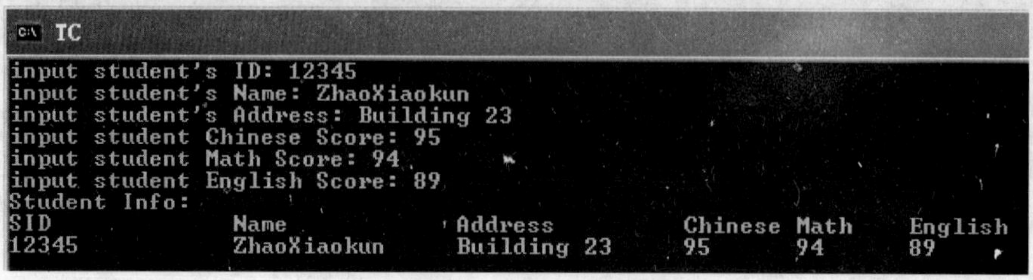

图 11-2 程序运行结果

说明：

（1）在程序开始的时候定义了结构体 student。

（2）每个 student 结构体变量有 6 个结构体成员。

（3）在主函数 main()中，使用 scanf 进行键盘输入，使用 printf 进行屏幕输出。

（4）在 scanf 和 printf 函数中使用结构体成员变量的时候，它们的格式控制符与使用一般简单数据类型的时候是相同的：在处理整数的时候使用"%d"，处理字符串的时候使用"%s"，等等。

例 11-3 复制 stu 结构体变量到 stu1 中。

```
#include<stdio.h>
#include<string.h>
void main(){
    struct student{
        char SID[10];
        char Name[20];
        char addr[20];
        int score1;
        int score2;
        int score3;
    } stu = {"12345","ZhaoXiaokun","Building 23",95,94,89},stu1;
    stu1 = stu;
    printf("Student Info:\n");
    printf("SID\t\tName\t\tAddress\t\tChinese\tMath\tEnglish\n");
    printf("%s\t\t",stu1.SID);
    printf("%s\t",stu1.Name);
    printf("%s\t",stu1.addr);
    printf("%d\t",stu1.score1);
    printf("%d\t",stu1.score2);
    printf("%d\n",stu1.score3);
}
```

程序运行结果如图 11-3 所示。

图 11-3　程序运行结果

说明：

结构体变量之间是可以进行赋值运算的。赋值操作符"="左右两边如果是同一结构体类型的两个变量，使用赋值操作符就可以进行它们之间的赋值操作。

11.1.2　结构体数组

数组与结构体可以混合使用，构成结构体数组。结构体数组的每一个元素具有相同的数组名、不同的下标号。可以使用数组来存放具有关联的结构体变量。

例 11-4　使例 11-2 在修改后能以结构体数组存储 10 名学生的信息。

```
#define N 10
struct student{
    char SID[10];
    char Name[20];
    char addr[20];
    int score1;
    int score2;
    int score3;
}

void main(void){
    struct student stu[N];
    int i;
    for(i = 0; i < N; i++){
        printf("input student's ID: ");
        gets(stu[i].SID);
        printf("input student's Name: ");
        gets(stu[i].Name);
        printf("input student's Address: ");
        gets(stu[i].addr);
        printf("input student Chinese Score: ");
        scanf("%d",&stu[i].score1);
        printf("input student Math Score: ");
        scanf("%d",&stu[i].score2);
        printf("input student English Score: ");
        scanf("%d%*c",&stu[i].score3);
    }
    printf("Student Info:\n");
    printf("SID\t\tName\t\tAddress\t\tChinese\tMath\tEnglish\n");
```

```
for(i = 0; i < N; i++){
    printf("%s\t",stu[i].SID);
    printf("%s\t",stu[i].Name);
    printf("%s\t",stu[i].addr);
    printf("%d\t",stu[i].score1);
    printf("%d\t",stu[i].score2);
    printf("%d\n",stu[i].score3);
}
}
```

说明：

（1）在程序开始的时候定义结构体变量 student。

（2）使用循环结构，给结构体数组中的 10 个元素进行赋值：使用键盘输入语句依次对结构体数组中结构体元素的成员进行赋值。

（3）使用循环结果，依次输出 10 个结构体元素中的各个成员。

11.1.3 结构体变量与指针

指针变量可以指向一个结构体变量。这个结构体指针的值是指向的这个结构体变量的首地址。

结构体指针变量的声明形式为：

struct 结构体名 *结构体指针名；

在结构体数组中使用指针表达指向元素的时候，具体的使用方法与一般类型的数组是一样的。加减指针的数值相当于后移或前移多少个结构体元素。

例 11-5 建立一个指针，指向结构体变量 stu，并使用指针形式对结构体成员进行输出。

```
#include<stdio.h>
#include<string.h>
void main(void){
    struct student{
        char SID[10];
        char Name[20];
        har addr[20];
        int score1;
        int score2;
        int score3;
    } stu = {"12345","ZhaoXiaokun","Building 23",95,94,89}, *pstu;
    pstu = &stu;
    printf("Student Info:\n");
    printf("SID\t\tName\t\tAddress\t\tChinese\tMath\tEnglish\n");
    printf("%s\t\t",pstu->SID);
    printf("%s\t",pstu->Name);
    printf("%s\t",pstu->addr);
```

```
    printf("%d\t",pstu->score1);
    printf("%d\t",pstu->score2);
    printf("%d\n",pstu->score3);
}
```

程序运行结果如图 11-4 所示。

图 11-4　程序运行结果

说明：

（1）声明指针指向结构体变量的时候，可以使用取地址运算符"&"来得到一个地址，并把这个地址值赋给指针变量。

（2）在使用指向结构体变量的指针的时候，可以使用"–>"运算符来得到结构体变量的成员。

11.1.4　链表

作为一种动态数据结构，链表可以动态地分配存储单元。处理预先不知道长度的数据组的时候，数组这样的数据结构很难起到作用，而链表则可以比较灵活地进行处理。链表的 4 种基本操作函数在本书配套教材中已经具体给出，调用函数进行链表操作的例子也已经给出，这里不再重复。

11.1.5　共用体

共用体可以被赋任一成员值，但只能有一个成员被使用，不可能有两个共用体成员同时有效。

定义一个共用体的一般形式如下：

```
union    共用体名{
    类型说明符 共用体成员名 1；
    类型说明符 共用体成员名 2；
    类型说明符 共用体成员名 3；
    …
    类型说明符 共用体成员名 n；
}
```

例 11-6　观察以下两个程序输出的不同。

```
#include<stdio.h>
void main(void){
    union t{
```

```
        int i;
        char c;
    };

    union t temp = {0x5561};
    printf("%x\n",temp.i);
    printf("%c\n",temp.c);
    temp.c = 'A';
    printf("%x\n",temp.i);
    printf("%c\n",temp.c);
}

#include<stdio.h>
void main(void){
    union t{
        char c;
        int i;
    };

    union t temp = {0x5561};
    printf("%x\n",temp.i);
    printf("%c\n",temp.c);
    temp.c = 'A';
    printf("%x\n",temp.i);
    printf("%c\n",temp.c);
}
```

程序运行结果如图 11-5 和图 11-6 所示。

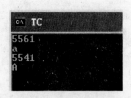

图 11-5　程序运行结果（1）

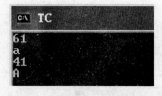

图 11-6　程序运行结果（2）

说明：

（1）共用体定义的时候，成员的位置不一样。前一个例子是 int 在前，后一个例子是 char 在前。

（2）在对共用体类型变量定义初始化的时候，只能对第一个成员赋值。如果第一个成员占用两个字节，则赋值的 0x5561 全部有效；如果第一个成员只占用一个字节，则只有 0x61 有效。前面的 0x55 则被去掉了。

（3）在对共用体成员赋值的时候，如果只对后一个字节进行了赋值，则前一个字节内的内容是不变的。

11.1.6　枚举类型

枚举类型是有限个整型符号常量的集合，每个枚举类型都必须进行类型定义。定义时必须将所有的枚举常量列出来，限定枚举类型的取值范围。显式定义与隐式定义的枚举常量有各自的规则。

例 11-7　使用枚举类型，创建一个非真即假的 bool 变量，使用这个变量，控制循环，计算 1～100 的累加值。

```c
#include<stdio.h>
void main(){
    enum bool{false, true};
    int i = 1, sum = 0;
    enum bool flag = true;
    printf("flag = %d\n",flag);
    do{
        sum = sum + i;
        i++;
        if(i <= 100)
            flag = true;
        else
            flag = false;
    }while(flag);
    printf("flag = %d, sum = %d\n", flag, sum);
}
```

程序运行结果如图 11-7 所示。

说明：

（1）bool 是定义出的一个枚举类型，flag 则是一个枚举类型变量。bool 取值范围只有 false 和 true 两种；false 对应的是整数 0，true 对应的是整数 1。

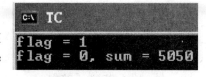

图 11-7　程序运行结果

（2）在 do…while 循环语句中，flag 被作为标志位，只要 flag 的值为 true，循环就不断进行下去，一旦 flag 的值被赋了 false，循环就结束。

（3）循环进行过程中的判断语句，就是用来处理 flag 值由 true 变为 false 的。一旦 i≤100 不成立，标志 flag 就由 true 变为 false 了。

11.2　上机实践

结构体、共用体、枚举类型作为构成 C 程序的重要部分，大家应该熟练地掌握和使用它。即要熟练地定义和使用各种结构体、共用体、枚举类型。这必须通过大量的上机实践环节来加深理解和巩固。实际上，本书配套教材上的例题和指导书上的所有例题都是很好的上机实践题目，希望大家在上机实践的时候一一执行，观察结果。

下面给出几个上机实践题，作为本章学习的上机实践，希望大家认真完成。

实践题 1：

为酒店编写一个信息系统的数据类型原型，要求既能输入输出员工信息，又能输入输出住店客户信息。员工的信息包括身份证号、姓名、住址、所属部门、工资。住店客户信息包括身份证号、姓名、住店客房号、住店日期、住店天数。

实践目的： 加深读者对结构体、共用体概念的理解，使读者能灵活运用结构体、共用体解决一些常见的实际问题，提高读者解决实际问题的水平和能力。

实践参考学时： 2 学时。

实践内容：

使用结构体、共用体来构建符合题目描述要求的数据类型。

（1）结构体中，具有相同类型的需要处理的结构体成员集中起来作为结构体的成员，如员工的身份证号、姓名、住址和顾客的身份证号、姓名、住店客房号，不同性质的数据类型作为共用体成员。

（2）注意调用结构体、共用体成员的方法。使用"."运算符还是使用"–>"运算符，是由声明的是变量还是指针所决定的。

（3）因为使用了共用体类型的变量，所以处理不同的共用体成员的时候会用到不同的方法。所以需要在结构体成员中设置一项开关，以此开关来决定以何种方法处理数据。

（4）此题为比较复杂的结构体共用体例子。在结构体中的数据类型包括了共用体。仔细分析定义的结构体中的结构体成员。

参考答案：

```c
#include<stdio.h>
#include<string.h>
struct person{
    char ID[18];
    char Name[20];
    char addr[20];
    struct{
        char CorE;
        union{
            struct{
                char dep[20];
                int salary;
            }emp;
            struct{
                struct{
                    int year;
                    int month;
                    int day;
                }date;
                int stay;
            }cust;
        }diff;
    }other;
```

```
    }

void main(void){
    struct person per;
    printf("input a person's ID: ");
    gets(per.ID);
    printf("input a person's Name: ");
    gets(per.Name);
    printf("input a person's Addr: ");
    gets(per.addr);
    printf("input a person's type, Customer or Employee(c or e): ");
    per.other.CorE = getchar();
    getchar();
    if(per.other.CorE == 'c' || per.other.CorE == 'C'){
        printf("now, input the date of a customer in.\n");
        printf("input the year: ");
        scanf("%d", &per.other.diff.cust.date.year);
        printf("input the year: ");
        scanf("%d", &per.other.diff.cust.date.month);
        printf("input the day: ");
        scanf("%d", &per.other.diff.cust.date.day);
        printf("now, input how many days this customer will stay: ");
        scanf("%d",&per.other.diff.cust.stay);
    }
    else if(per.other.CorE == 'e' || per.other.CorE == 'E'){
        printf("now, input this Employee's department: ");
        gets(per.other.diff.emp.dep);
        printf("input this Employee's salary: ");
        scanf("%d", &per.other.diff.emp.salary);

    }else{
        printf("Error input\n");
        exit(0);
    }
    if(per.other.CorE == 'c' || per.other.CorE == 'C'){
        printf("%s\t%s\t%s\t%d-%d-%d\t%d\n", per.ID, per.Name, per.addr,
        per.other.diff.cust.date.year, per.other.diff.cust.date.month,
        per.other.diff.cust.date.day,  per.other.diff.cust.stay);
    }else (per.other.CorE == 'e' || per.other.CorE == 'E'){
        printf("%s\t%s\t%s\t%s\t%d\n", per.ID, per.Name, per.addr,
        per.other.diff.emp.dep, per.other.diff.emp.salary);
    }
    printf("\n");
}
```

实践题 2：

已知一个足球队胜一场积 3 分，平一场积 1 分，输了以后没有积分。用键盘输入一支球队的胜、负、平场数，求这支球队的积分。

第 12 章

文件

基本内容
- 文件
- 缓冲型文件的打开、关闭与读写
- 文件 I/O

重点
- 文件的概念
- 标准文件
- fopen()函数与 fclose()函数
- fgetc()函数与 fputc()函数
- fread()函数与 fwrite()函数
- fprintf()函数与 fscanf()函数
- fgets()函数与 fputs()函数
- fseek()函数与 rewind()函数

难点
- fopen()函数与 fclose()函数
- fread()函数与 fwrite()函数

　　文件的学习和使用，关键在于要理解和掌握文件的基本概念、文件的定义与引用方法。下面讨论其中几个比较重要的、容易混淆的内容（其他内容请读者参考本书配套教材），通过实例加以分析，希望读者能更深入地理解和更好地使用文件。

12.1　学习指导

12.1.1　文件的基本概念、定义与引用方法

　　文件是 C 语言程序设计的重要内容。文件就是存储在外部存储介质上的数据的有序集合。C 语言的文件分为两大类：普通文件和设备文件。如，显示器是设备文件，键盘也是设备文件。通过本章的学习，读者必须理解和掌握文件分类（二进制码文件与 ASCII 码文件）。在 C 语言中，声明了指针变量指向文件，通过对文件指针的操作，来对这个指针所

指向的文件进行操作。

文件指针声明的一般形式为：

FILE *指针变量名；

一旦声明了文件指针，就可以使用 fopen()函数打开文件。打开方式有 12 种，由"r，w，a，t，+"组合完成。关于这些内容的详细说明不再赘述，这里只是简单地作出总结，详细内容请读者参考本书配套教材。

在使用 fopen()函数打开文件后，如果不再需要使用文件，则一定要使用 fclose()函数关闭文件。

使用 fopen()函数后，返回的是文件指针。

一般形式为：

```
FILE *fp;
fp = fopen(文件名,文件打开方式);
```

fclose()函数的一般使用方式为：

```
fclose(fp);
```

下面通过一些典型例子，以帮助读者更好地理解和掌握这些内容。

例 12-1　使用 fputc 函数，把键盘输入的字符存入文本文件 c:\test.txt 中。

```c
#include<stdio.h>
void main(void){
    FILE *fp;
    char c;

    if((fp=fopen("c:\\test.txt","w+")) == NULL){
        printf("open error on writing in");
        exit(0);
    }
    printf("input strings, ended by ctrl + z\n");
    while((c = getchar()) != -1){
        fputc(c, fp);
    }
    fclose(fp);
}
```

说明：

（1）声明了文件指针后，使用 fopen 函数，以 w+方式打开位于 C:\test.txt 的文件。w+表达的是如果文件不存在，则新建文件；如果文件存在，则覆盖掉原有的文件。

（2）把 fopen 函数放在 if 语句中，是为了防止操作失败的意外发生。如果发生操作失败，则以 exit()函数退出程序。

（3）while 循环语句中，只要 getchar()函数没有得到 Ctrl+Z(-1)的输入，则不停地循环，将一个一个的字符写入缓冲区。一旦缓冲区满，或者结束循环，就写入到文件中。

（4）文件使用完成，利用 fclose()函数关闭文件。

例 12-2　使用 fgetc 函数，把文本文件 C:\test.txt 中的内容显示到显示器上。

```c
#include<stdio.h>
void main(void){
    FILE *fp;
    char c;

    if((fp=fopen("c:\\test.txt","r+")) == NULL){
        printf("open error on writing in");
        exit(0);
    }
    printf("content:\n");
    while((c = fgetc(fp)) != -1){
        putchar(c);
    }
    fclose(fp);
}
```

说明：

（1）声明了文件指针后，使用 fopen 函数，以 r+方式打开位于 C:\test.txt 的文件。r+表达的是若文件打开不成功，则返回 NULL；如果文件打开成功，以读方式将文本文件打开。

（2）把 fopen 函数放在 if 语句中，是为了防止操作失败的意外发生。如果发生操作失败，则以 exit()函数退出程序。

（3）while 循环语句中，只要 fgetc ()函数没有得到 Ctrl+Z(-1)的输入，则不停地循环，将一个一个的字符赋给 c，再使用 putchar 函数，将 c 一个一个打印出来。

（4）文件使用完成，利用 fclose()函数关闭文件。

例 12-3　使用 fgetc 和 fputc 函数，实现文本文件的复制功能，将 C:\test.txt 内容复制到 C:\test2.txt。

```c
#include<stdio.h>
void main(void){
    FILE *fp1, *fp2;
    char c;

    if((fp1=fopen("c:\\test.txt","r+")) == NULL){
        printf("open error on writing in");
        exit(0);
    }
    if((fp2=fopen("c:\\test2.txt","w+")) == NULL){
        printf("open error on writing in");
        exit(0);
    }
    printf("content:\n");
    while((c = fgetc(fp1)) != -1){
        putchar(c);
```

```
            fputc(c, fp2);
        }
        printf("\nfinished!\n");
        fclose(fp1);
        fclose(fp2);
}
```

说明：

（1）使用 fopen()函数以 r 方式打开一个文件，以 w 方式打开另外一个文件。

（2）使用 fgetc()函数，从要复制的文档中逐个地读出字符，再使用 fputc()函数，逐个地写入到新的文件中去。

（3）操作结束后，使用 fclose()函数，关闭掉文件。

12.1.2　fread()函数与 fwrite()函数

fread()函数与 fwrite()函数是用来整块地读写数据的。

fread()函数的一般形式为：

```
fread(buffer, size, n, fp);
```

若操作成功，从 fp 所指向的文件中读取 n 个数据项，存放到 buffer 指针所指向的内存区域，并且返回读出的数据项个数；若文件结束或操作失败，则返回 0。

fwrite()的一般形式为：

```
fwrite(buffer, size, n, fp);
```

若操作成功，则将 buffer 指针所指向的内存区域中的 n 个数据项写入 fp 所指向的文件中；若操作失败，则返回 0。

fread()函数与 fwrite()函数一般用来处理文件中的结构体、共用体变量。

例 12-4　使用 fwrite 函数，对已经存在的 C:\student.txt 文件进行操作，使得学生的信息可以写入文件，并可在文件后追加新的学生信息。

```
#include<stdio.h>
#include<string.h>
struct student{
    char SID[10];
    char Name[20];
    char addr[20];
    int score1;
    int score2;
    int score3;
}
void main(void){
    struct student stu;
    FILE *fp;
```

```
        printf("input student's ID: ");
        gets(stu.SID);
        printf("input student's Name: ");
        gets(stu.Name);
        printf("input student's Address: ");
        gets(stu.addr);
        printf("input student Chinese Score: ");
        scanf("%d",&stu.score1);
        printf("input student Math Score: ");
        scanf("%d",&stu.score2);
        printf("input student English Score: ");
        scanf("%d",&stu.score3);

        if((fp=fopen("c:\\student.txt","a+")) == NULL){
            printf("open error on writing in");
            exit(0);
        }
        fwrite(&stu,sizeof(stu),1,fp);
        fclose(fp);

}
```

说明：

（1）在程序开始的时候定义结构体变量 student。

（2）使用键盘输入，对 student 结构体变量 stu 的各个成员进行赋值。

（3）使用 fopen()函数，以 a 方式打开指定文件。

（4）使用 fwrite()函数，将结构体变量 stu 写入文件。

（5）使用 sizeof(stu)来计算 stu 所占字节数。

（6）操作结束后，使用 fclose()函数，关闭掉文件。

例 12-5　使用 fread 函数，读出 C:\student.txt 中所有的学生信息。假设 C:\student.txt 文档中存储了至多 20 个学生的信息。

```
#include<stdio.h>
#include<string.h>
#define N 20
struct student{
    char SID[10];
    char Name[20];
    char addr[20];
    int score1;
    int score2;
    int score3;
}
void main(void){
    struct student stu[N];
```

```
FILE *fp;
int j=0;
int k;
if((fp=fopen("c:\\student.txt","r+")) == NULL){
    printf("open error on writing in");
    exit(0);
}
printf("SID\t\tName\t\tAddress\t\tChinese\tMath\tEnglish\n");
while(fgetc(fp)!= -1){
    j++;
}
k = j/sizeof(struct student);
rewind(fp);
fread(stu,sizeof(struct student),k,fp);
for(j = 0;j < k;j++){
    printf("%s\t\t",stu[j].SID);
    printf("%s\t",stu[j].Name);
    printf("%s\t",stu[j].addr);
    printf("%d\t",stu[j].score1);
    printf("%d\t",stu[j].score2);
    printf("%d\n",stu[j].score3);
}

    fclose(fp);
}
```

说明：

（1）在程序开始的时候定义结构体变量 student。

（2）使用 fopen()函数，以 r 方式打开指定文件。

（3）使用 while 语句，计算文件总字节数 j，然后以 j/sizeof(struct student)得到文件中存储了多少个结构体变量，记为 k。

（4）使用 fread()函数，将 k 个结构体变量写入 stu 数组中。

（5）使用 for 循环语句，打印出所有的结构体数组中的元素。

（6）操作结束后，使用 fclose()函数，关闭掉文件。

12.2　上机实践

文件作为构成 C 程序的重要部分，大家应该熟练地掌握和使用它。即要熟练地掌握各种写入与读取方法，熟记打开与关闭文件函数。这必须通过大量的上机实践环节来加深理解和巩固。实际上，本书配套教材上的例题和指导书上的所有例题都是很好的上机实践题目，希望大家在上机实践的时候一一执行，观察结果。

下面给出几个上机实践题，作为本章学习的上机实践，希望大家认真完成。

实践题 1：

往一个文件中写入"Hello!World!"。

实践目的： 加深读者对文件概念的理解，使读者能灵活运用文件解决一些常见的实际问题，提高读者解决实际问题的水平和能力。

实践参考学时： 2 学时。

实践内容：

（1）使用 fopen 中的 w 方法写入一个文件。

（2）打开一个文件后需要关闭这个文件。

（3）打开生成的文件，观察"Hello!World!"是否已经写入这个文件。

实践题 2：

从刚才写好的文件中读出文件内容，并显示在屏幕上。

实践题 3：

编写一个综合型的简易数据库，以一个学校的学生信息管理为目标，将所有信息记录到文件中。

第13章

考试模拟试卷及解析

13.1 模拟试卷 1 及解析

一、单项选择题（每小题 1.5 分，共 30 分）

1. 关于 C 语言的叙述，不正确的是_____。

    A. C 程序必须包含一个 main()函数

    B. C 程序可由一个或多个函数组成

    C. C 程序的基本组成单位是函数

    D. 注释说明只能位于一条语句的后面

分析：注释可以出现在语句的前面、后面或中间。例如：

```
#include<stdio.h>
void main(void){    /*计算 1+2+3+4+…+100 的值 */
  int i;
  long s=0;
  for( i=1; i<= /* 不要丢掉'='号! */ 100; i++)
    s+=i;
  /* 注意以下输出语句中 long int 数据的输出控制格式"%ld" */
  printf("s=%ld\n",s);
}
```

答案选 D。

2. 以下_____是正确的字符常量。

    A. "c"   B. '\t'   C. '12'   D. "\\"

    分析：A 中的"c"为字符串常量，B 中的'\t'为转义字符，请大家注意常用转义字符的表示方法（参见本书配套教材），C 中'12'表示错误，因为单引号里面只能含有一个字符。D 中表示的是一个字符串（双引号），尽管这个字符串中只含有一个转义字符'\\'。答案选 B。

3. 设 char ch='c';，则表达式 ch+1 的值为_____。

    A. 97   B. 98   C. 99   D. 100

    分析：字符变量存储的是所对应字符的 ASCII 值，26 个字母之间的 ASCII 值按字母顺序是连续的，即字母'a'的 ASCII 值为十进制的 97，字母'b'的 ASCII 值为十进制的 98，以此类推。大家应记住常用字符的 ASCII 值，如，'A'为 65，'0'为 48 等。答案选 D。

4．下面关于算术运算符的叙述，错误的是_____。

A．其运算对象不包含函数表达式

B．运算符%的运算对象只能为整型

C．算术运算符的结合方向是"自左至右"

D．自加和自减运算符的结合方向是"自右至左"

分析：运算符的运算对象可以是一个函数表达式，如 sin(x)+10。答案选 A。

5．getchar()函数的功能是从终端输入_____。

A．一个整型变量值 　　　　　　　　B．一个实型变量值

C．多个字符 　　　　　　　　　　　D．一个字符

答案选 D。

6．若有定义 int i=7,j=8;，则表达式 i>=j||i<j 的值为_____。

A．1 　　　　　B．变量 i 的值　　　C．0 　　　　　D．变量 j 的值

分析：表达式 i>=j||i<j 等价于(i>=j)||(i<j)，其实不管变量 i 和 j 的值为多少，整个表达式的结果总是为"真"。答案选 A。

7．已知 int a='R';，则正确的表达式是_____。

A．a%10 　　　　B．a=int(3e2) 　　C．2*a=a++ 　　D．a=a+a=a+3

分析：B 错误，应在转换目标的类型两边加上括号，即(int)(3e2)。C 表达式错误，因为赋值等号的左边不是"左值"。D 的错误类似于 C。答案选 A。

8．设有定义 int x=5;，则以下语句执行后，变量 x 值为 6 的是_____。

A．printf("%d",x++); 　　　　　　B．if(x=0)　x=6;

C．2==1? x++:x—; 　　　　　　　D．if(x++<6)　x++;

分析：执行 A 语句，输出表达式 x++的值 5，变量 x 的值变为 6。B 语句中条件表达式为假，不执行赋值操作，变量 x 的值为 0。C 为条件表达式，由于表达式 2==1 的值为假，故执行表达式 x—，使得变量 x 的值为 4。D 语句中条件表达式 x++<6 的值为真，x 变量的值自增了两次，即 x 值变为 7。答案选 A。

9．在 C 语言中 while 循环和 do…while 循环的主要区别是_____。

A．do…while 循环体内可以使用 break 语句，while 循环体内不能使用 break 语句

B．do…while 循环体至少无条件执行一次，while 循环体不是

C．do…while 循环体内可以使用 continue 语句，while 循环体内不能使用 continue 语句

D．while 循环体至少无条件执行一次，do…while 循环体不是

答案选 B。

10．以下能对一维数组 a 进行正确初始化的语句是_____。

A．int a[5]=(0,0,0,0,0); 　　　　　B．int a[5]=[0];

C．int a[5]={1,2,3,4,5,6,7}; 　　　D．int a[]={0};

分析：A 中的(0,0,0,0,0)应为{0,0,0,0,0}；B 中的[0]应为{0}；C 中提供的初始值超过了数组的长度。答案选 D。

11．设有如下程序段

```
int a[3][3]={1,0,2,1,0,2,1,0,1},i,j,s=0;
for(i=0;i<3;i++)
  for(j=0;j<i;j++)
    s=s+a[i][j];
```

则执行该程序段后，s 的值是_____。

    A．0   B．1   C．2   D．3

分析：对二维数组中的"下三角元素"（不包括对角线）求和。答案选 C。

12．若有定义 int a=2;，则语句 a=strcmp("miss","miss");运行后 a 的值为_____。

    A．1   B．0   C．−1   D．2

分析：函数 strcmp(s1,s2)返回两个字符串 s1 所指向的字符串和 s2 所指向的字符串内容的比较（依据对应位置各个字符的 ASCII 值）结果。若 s1>s2，返回 1；若 s1<s2，返回−1；若 s1==s2，则返回 0。答案选 B。

13．以下程序的运行结果是_____。

```
void fun(int array[4][4]){
int j;
  for(j=0;j<4;j++)  printf("%-2d",array[2][j]);
  printf("\n");
}
void main(void){
int a[4][4]={0,1,2,0,1,0,0,4,2,0,0,5,0,4,5,0};
    fun(a);
}
```

    A．2 0 0 5   B．1 0 0 4   C．0 1 2 0   D．0 4 5 0

答案选 A。

14．若有以下宏定义：

```
#define MOD(x,y) x%y
```

则执行以下程序段后，z 的值是_____。

```
int z,a=15,b=100;
z=MOD(b,a);
```

    A．100   B．15   C．11   D．10

分析：#define MOD(x,y) x%y 是带参数的宏定义，注意表达式中括号的使用。答案选 D。

15．以下程序段运行后*(++p)的值为_____。

```
char a[5]="work";
char *p;
p=a;
```

　　　A．'w'　　　　　　　　　　　　　B．存放'w'的地址
　　　C．'o'　　　　　　　　　　　　　D．存放'o'的地址

　　分析：p=a;使得指针 p 指向数组 a 的首元素，即指向字符'w'，++p 后使 p 增 1，指向了下一个字符'o'。答案选 C。

　　16．若函数 fun 的函数原型为 int fun(int i, int j);，函数指针变量 p 定义为 int (*p)(int i, int j);，则要使指针 p 指向函数 fun 的赋值语句是_____。

　　　A．p=*fun;　　　　B．p=fun;　　　　C．p=fun(i,j);　　　　D．p=&fun;

　　分析：函数名就是一个指向函数的指针，可以将函数名直接赋给一个指向函数的指针变量。答案选 B。

　　17．若有定义：

```
struct teacher{
int num;
  char sex;
  int age;
}teacher1;
```

　　则下列叙述不正确的是_____。

　　　A．struct 是结构体类型的关键字
　　　B．struct teacher 是用户定义的结构体类型
　　　C．num、sex、age 都是结构体变量 teacher1 的成员
　　　D．teacher1 是结构体类型名

　　分析：teacher1 是一个结构体类型的变量。答案选 D。

　　18．若有定义：

```
struct node{
int data;
    struct node *next;
};
```

及函数：

```
void fun(struct node *head){
struct node *p=head;
  while(p){
    struct node *q=p->next;
    free(p);
    p=q;
  }
}
```

调用时 head 是指向链表首结点的指针，整个链表的结构如下所示：

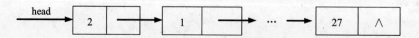

则函数 fun()的功能是_____。

    A．删除整个单向链表

    B．删除单向链表中的一个结点

    C．显示单向链表中的所有数据

    D．创建单向链表

分析：开始时，p 指向单链表中的第一个结点，q 指向第二个结点，删除 p 所指结点后，p 再指向第二个结点，q 指向第三个结点，再删除 p 所指结点，如此下去，直到所有的结点删除完为止。答案选 A。

19．在对于无符号数的位运算中，操作数右移一位相当于_____。

    A．操作数除以 2   B．操作数乘以 2

    C．操作数除以 4   D．操作数乘以 4

答案选 A。

20．以下程序的可执行文件名为 tt.exe，若程序运行后屏幕显示 3, We are，则在 DOS 提示符下输入的命令是_____。

```
void main(int argc, char * argv[]){
  int i;
  printf("%d,",argc);
  for(i=1;i<argc;i++)
    printf("%s ",argv[i]);
}
```

    A．tt   B．tt We   C．tt We are   D．tt We are happy!

分析：使用命令行参数时，argc 表示命令行中参数的个数（包括程序名），argv[]是一个指针数组，它的每一个元素 argv[0]~argv[argc–1]分别指向命令行中的各个字符串。答案选 C。

二、改错题（每小题 8 分，共 16 分）

说明：

（1）修改程序中每对"/**/"之间存在的错误。

（2）不得删改程序中的"/**/"注释和其他代码。

1．以下程序的功能是从键盘输入三角形的三边长，求其面积，若 3 个边长不能构成三角形，则提示。

例如，输入：6 9 11

        输出：26.98

```
#include<stdio.h>
#include<math.h>
void main(void){
    float a,b,c;
    double s,area;
    printf("Please input 3 numbers:\n");
    /**/  scanf("%f%f%f",a,b,c);  /**/
```

```
      /**/  if( a+b>c || b+c>a|| a+c>b )  /**/
          {
          s = (a+b+c)/2;
          area = sqrt(s*(s-a)*(s-b)*(s-c));
          printf("area is %.2f\n",area);
          }
          else
          printf("error.\n");
      }
```

分析：语句 scanf("%f%f%f",a,b,c);中的变量应为取变量的地址（指针），即应改为
scanf("%f%f%f",&a,&b,&c);，条件表达式 if(a+b>c || b+c>a|| a+c>b)中的逻辑运算符||应改
为&&。

2．以下程序的功能是求解百马百担问题。有 100 匹马，驮 100 担货，大马驮 3 担，
中马驮 2 担，两匹小马驮 1 担，问大、中、小马数可分别为多少？有多少种解决方案？

```
#include<stdio.h>
/**/  void  fun(void)/**/
{
  int large,middle,small,n=0;

  for( large=0;large<=33;large++ )
   for( middle=0;middle<=50;middle++ )
    {
      small = 2*(100-3*large-2*middle);
      /**/ if( large+middle+small=100 )  /**/
        {
          n++;
          printf("%d-->large:%d,middle:%d,small:%d\n",n,large,middle,
          small);
        }
    }
  return n;
}

void main(void)
{
  int num;
  num = fun();
  printf("\nThere are %d solutions.\n",num);
}
```

分析：根据函数 fun 的实现体中有 return n;语句，知道函数 fun 应该有返回值，且返回
值类型为 int。因此应将函数首部 void fun(void)改为 int fun(void)。根据题意，知道条件表
达式 if(large+middle+small=100)应改为 if(large+middle+small==100)，逻辑运算符==与赋值

运算符=是完全不一样的。

三、填空题（每小题 8 分，共 24 分）

说明：

（1）在每对"/**/"之间的空白处补充程序，以完成题目的要求。

（2）不得删改程序中的"/**/"注释和其他代码。

1. 补充下面程序，对函数 $f(x) = x^2 - 2x + 6$，分别计算 $f(x+8)$ 和 $f(\sin x)$ 的值。例如 x=2.0，则输出：

```
f(x+8)=86.000
f(sinx)=5.008
```

```c
#include<stdio.h>
/**/    /**/
double fun(double x)
{
  /**/    /**/
}
void main(void)
{
  double x,y1,y2;
  printf("Please input x:");
  scanf("%lf",&x);
  y1=fun(x+8);
  y2=fun(/**/   /**/);
  printf("\nf(x+8)=%.3lf",y1);
  printf("\nf(sinx)=%.3lf",y2);
}
```

分析：因为程序中用到了求正弦的数学函数 sinx，因此应在前面填入#include<math.h>。函数 fun 的实现体中应该根据参数 x 的值，计算数学表达式 $f(x) = x^2 - 2x + 6$ 并返回结果值。所以，可以填写为 return (x*x−2*x+6);。y2=fun(/**/   /**/);表达式中调用了函数 fun，应该填入实参的值，根据后面输出语句 printf("\nf(sinx)=%.3lf",y2);，知道应该计算的是 f(sinx) 的值，所以应填入 sin(x)。

2. 补充下面的程序，计算 $p = \dfrac{m!}{n!(m-n)!}$，其中 m、n 为整数且 $m > n \geqslant 0$。

```c
#include<stdio.h>
double fun(unsigned m, unsigned n)
{
  unsigned i;
  double p=1.0;
  for(i=1;i<=m;i++)
   /**/          /**/
```

```
for(i=1;i<=n;i++)
  /**/     /**/
for(i=1;i<=m-n;i++)
  p=p/i;
return p;
}
void main(void)
{
  printf("p=%f\n",fun(2,1));
}
```

分析：程序中 3 个循环分别求 3 个阶乘，对照前后关系，第一个空应填入 p=p*i;，第二个空应填入 p=p/i;。

3．补充下面程序，函数 findmax 返回数组中的最大元素。

```
#include<stdio.h>
int findmax(int* array,int size);
void main(void)
{
  int a[]={33,91,23,45,56,-12,32,12,5,90};
  printf("The max is %d\n",
  /**/     /**/
}
int findmax(int *array,int size)
{
  int i,  /**/     /**/ ;
  for(i=1; i<size; i++)
    if(array[i]>max)
      max=array[i];
  return max;
}
```

分析：主函数 main 中输出求得的最大元素值，所以应填入函数表达式 findmax(a,sizeof(a)/sizeof(int))或 findmax(a,10)。在函数 findmax 的函数实现体中，采用"擂台法"求数组中的最大元素值，array 指向数组的首元素，所以首先应对"擂主"进行初始化，即应填入 max=*array 或 max=array[0]等。

四、编程题（每小题 15 分，共 30 分）

说明：

（1）在一对"/**/"之间编写程序，以完成题目的要求。

（2）不得删改程序中的"/**/"注释和其他代码。

1．完成以下程序中的 f()函数，使其对输入的一个月工资数额求应交税款。设应交税款的计算公式如下：

$$f(x) = \begin{cases} 0 & x \leqslant 1600 \\ (x-1600) \times 5\% & 1600 < x \leqslant 2100 \\ (x-1600) \times 10\% - 25 & 2100 < x \leqslant 3100 \\ (x-1600) \times 15\% - 125 & x > 3100 \end{cases}$$

例如，输入：1825　　输出：f(1825)=11.25

　　　输入：2700　　输出：f(2700)=85.00

　　　输入：5655　　输出：f(5655)=483.25

```c
#include<stdio.h>
#include<math.h>
double f(float x)
{
 /**/

 /**/
}
void main(void)
{
  float x;
  double y;
  printf("Please input a number:\n");
  scanf("%f",&x);
  y = f(x);
  printf("f(%.2f)=%.2f\n",x,y);
}
```

分析： 根据计算公式，我们可以在函数实现体中填入如下代码，求各种月工资情况下的应交税款。

```c
double y;
  if(x>2100)
     if(x<=3100)  y=(x-1600)*0.10-25;
     else  y=(x-1600)*0.15-125;
  else  if(x>1600)
           y=(x-1600)*0.05;
      else  y=0;
  return y;
```

2. 完成下面程序中的 fun()函数，该程序输出 4 阶矩阵 A 中各行中 0 之前的所有正数，遇到 0 则跳过该行，并计算这些输出正数之和。如矩阵 A 为

$$\begin{bmatrix} 1 & 2 & -3 & -4 \\ 0 & -12 & -13 & 14 \\ -21 & 23 & 0 & -24 \\ -31 & 32 & -33 & 0 \end{bmatrix}$$

则输出 1、2、23、32 和 s=58。

```
#include<stdio.h>
#define ROW 4
#define COL 4
int fun(int a[][COL],int row,int b[])
{
 /**/

 /**/
}
void main(void)
{
  int sss=0, b[16]={0};
  int a[ROW][COL]={{1,2,-3,-4},{0,-12,-13,14},{-21,23,0,-24},
  {-31,32,-33,0}};
  sss=fun(a,ROW,b);
  printf("Sum of positive elements is %d\n",sss);
}
```

分析：根据题目要求，我们可以按照行序，从低列到高列，逐个扫描二维数组中的各个元素，根据各个元素的值，做相应的操作。可填写代码如下：

```
int i,j,k=0,s=0;
  for(i=0;i<ROW;i++)
  {
    for(j=0;j<COL;j++)
    {
    if(a[i][j]<0) continue;
    if(a[i][j]==0) break;
    b[k++]=a[i][j];
    s+=a[i][j];
    }
  }
  return s;
```

13.2 模拟试卷 2 及解析

一、单项选择题（每小题 1.5 分，共 30 分）

1. 以下叙述正确的是_____。

　　A. 在 C 语言源程序中，main 函数必须位于文件的开头

　　B. 在 C 语言源程序中，每行只能写一条语句

　　C. 在 C 语言源程序中，变量必须先定义之后才能使用

　　D. 在 C 语言源程序中，标识符的大小写字母没有区别

　　分析：main 函数不一定位于文件的开头，也可以在其他函数的定义之后；C 程序中，书写比较自由，每行可以写几条语句，一条语句也可以分几行写；C 程序中标识符的大小

写是有区别的。答案选 C。

2. 若有定义 char s[100];，则以下能正确实现字符串输入的语句是_____。

  A．scanf("%s",&s);   B．getchar(s);

  C．gets(&s);   D．scanf("%s",s);

分析：A 中写法错误，应为 scanf("%s",s);，因为字符数组名 s 本身就是一个指针，它表示存储字符串的首地址。B 中 getchar()函数只能输入一个字符，而且使用时也不带参数，函数返回值为输入的字符。C 中 gets(&s);应为 gets(s)。答案选 D。

3. 在 C 语言中，以下不正确的实型常量是_____。

  A．–1.2e–12   B．+1.2e+12   C．–1.2e–1.2   D．1.2E–06

分析：C 中指数部分不能为浮点型数据，类似地，也不能写成 e–3(e 左边必须有数据)。答案选 C。

4. 用语句 int a[5]; 定义整型数组后，数组 a 中所有元素的初值为_____。

  A．不确定值   B．0   C．1   D．–1

分析：定义数组时，没有给出数组元素的初始值，则数组元素的值为不确定值（有些编译器也约定为"零"值）。当该数组为全局数组或静态数组时，数组元素的值为"零"值。答案选 A。

5. 若有定义 double f; int i;，则下列表达式的类型分别为_____。

  ① f*5+i   ② f && (i+6)

  A．float, float   B．float,int   C．double,int   D．double,double

分析：根据混合运算类型之间的隐式转换规则，计算表达式① 时，将 int 提升为 double 类型，表达式结果为 double。表达式② 为逻辑表达式，其最终结果为真（1）或假（0），即结果为 int。答案选 C。

6. 运行以下程序段时，由键盘输入：123.456,abcde 回车，则输出：i=12,f=3.456,s=abcde 。在程序段中填入正确选项完成程序段。

```
int i;
char s[100];
double f;
scanf (_____);
printf("i=%d,f=%6.3f,s=%s\n", i, f, s);
```

  A．"%2d%f,%s", &i, &f, s   B．"%2d%lf%s", &i, &f, &s

  C．"%d%lf,%s", &i, &f, s   D．"%2d%lf,%s", &i, &f, s

分析：输入 123.456，要得到对应的前两位整数 12，则在输入控制格式中要指定输入有效宽度"%2d"；变量 f 的类型为 double，所以输入控制格式要用对应的"%ld"；输入一个字符串，存储于字符数组 s 中，则输入格式中用 scanf("%s",s);，而不是 scanf("%s",&s);，s 值本身就是一地址。答案选 D。

7. 以下程序段的运行结果是_____。

```
int a = 0, b = 2, c;
switch(a)
```

```
{ case 0 : c = b++;
  case 1 : switch(b)
      { case 1 : c++;   break;
        case 2 : c *= b; break;
        default: c += b;
      }
      break;
  default : c--;
}
printf("%d\n", c);
```

A. 5   B. 4   C. 6   D. 不确定

分析：这是一个使用嵌套 switch 语句的程序，首先执行外层的 case 0 分支，执行完后，由于这个分支没有 break;语句，所以继续往下执行外层的 case 1 分支；这时 b 值为 3，所以执行内层的 default 分支，执行完 default 之后，结束内层的 switch，再执行外层 case 1 分支的 break，跳出整个外层 switch 语句，最后执行 printf("%d\n", c);语句。做类似的题目时，要特别注意 switch 中各个分支有没有 break 的区别。答案选 A。

8. 若有定义 int a[3]={ 1, 2, 3 }, *p;，则下列语句中不正确的是_____。

A. p = a[0];   B. p = a;   C. p = &a[0];   D. p = a+2;

分析：本题考查指针和数组的基本概念。A 项中 p 为指针，a[0]为 int 值，赋值不兼容。答案选 A。

9. 以下程序运行结果是_____。

```
#include "stdio.h"
main()
{ struct tp
  { char name[10];
    int num;
    union
    { float data;
      double score[3];
    }da;
  };
  printf( "%d\n", sizeof(struct tp) );
}
```

A. 10   B. 24   C. 36   D. 40

分析：sizeof 是一个很重要的运算符，请大家要引起对它用法的重视。本题结构体类型 struct tp 的成员中含有共用体 da，因此 sizeof(struct tp)的值就等价于 10*sizeof(char)+sizeof(int)+max(sizeof(float),3*sizeof(double))。答案选 C。

10. 以下各语句或语句组中，不正确的操作是_____。

A. char s[ ]="abcde";   B. char *s="abcde";

C. char s[100];   D. char *s;

   s = "abcde";   s = "abcde";

分析：C 中定义数组 s 后，数组名 s 就是一个常指针（其值不能改变），所以再对 s 重新赋值（将字符串"abcde"的首地址赋给 s）是不正确的。答案选 C。

11. 若 typedef int IntArray[10]; IntArray a;，则 a 是_____。

    A．整型变量　　　　　　　　　　B．整型数组变量

    C．结构体变量　　　　　　　　　　D．整型指针变量

分析：本题考查 typedef 的用法。typedef int IntArray[10];定义的类型 IntArrar 为 int[10]，即为一个长度为 10 的整型数组。答案选 B。

12. 以下程序运行结果是_____。

```
#include<stdio.h>
long fun(unsigned n )
{
  if( n==2 || n==1 )  return 1;
  return ( fun(n - 1) + fun(n - 2) );
}
void main(void)
{
  printf("%ld\n", fun(6));
}
```

    A．8　　　　　　　B．6　　　　　　　C．12　　　　　　　D．10

分析：递归函数 fun(n)计算的值为：

fun(1)=1,

fun(2)=1,

fun(n)=fun(n−1)+fun(n−2)，n>2。

即计算得到的数列(fabinacci)为 1,1,2,3,5,8,13，…，答案选 A。

13. 以下程序运行结果是_____。

```
#include "stdio.h"
main()
{ int a=3,b=2;
  { int b=8;
    a += b++;
    printf( "%d,%d\n", a, b );
  }
  printf( "%d,%d\n", a, b );
}
```

    A．5,3　　　　　　B．5,3　　　　　　C．11,9　　　　　　D．11,9

       5,2　　　　　　　　5,3　　　　　　　11,2　　　　　　　11,9

分析：main 函数体中包含有一个语句块，执行语句块时，首先定义了一个变量 b，其初始值为 8，执行 a += b++;后，a 值为 11（3+8），块内变量 b 值为 9（8+1），所以块内输出的是 11,9。执行完块后，变量 a 值仍然为原来的 11，此时变量 b 为语句块外的 b，其值为 2。请大家注意各种不同存储类型变量的作用域和生命期等。答案选 C。

14. 以下不能对二维数组 a 进行正确初始化的语句是_____。

    A．int a[3][4] = { 0 };

    B．int a[][4] = { {1}, {2}, {3} };

    C．int a[3][] = { {1}, {2, 3, 4}, {5} };

    D．int a[3][4] = { 1, 2, 3, 4, 5 };

分析：二维数组的初始化只能省略第一维的长度值，不能省略第二维的长度值。答案选 C。

15. 定义 compare(char *s1, char *s2) 函数，以实现比较两个字符串大小的功能。以下程序运行结果为-32。选择正确选项填空完成程序。

```
#include "stdio.h"
main()
{ printf( "%d\n", compare("abCd","abc") ) ;
}
compare( char *s1, char *s2 )
{ while ( *s1 && *s2 && _____ )
  { s1++;
    s2++;
  }
  return *s1-*s2;
}
```

    A．*s1 != *s2   B．*s1 == *s2   C．*s1 = *s2   D．s1 != s2

分析：compare 函数比较两个字符串的大小时，采用的是逐个对应位置字符的比较，当对应的两字符相同时(对应两字符的比较位置都没有到达结束位置)，再进行后继位置字符的继续比较。答案选 B。

16. 以下程序运行结果是_____。

```
#include "stdio.h"
main()
{
#ifndef _NO2_
  printf("no1\n");
#else
  printf("no2\n");
#endif
}
```

    A．程序没有语法错误，但没有输出   B．no1

    C．程序有语法错误   D．no2

分析：本题考查编译预处理命令中的条件编译指令#ifndef。程序中没有用#define 定义过标识符_NO2_，所以第一个输出语句参与编译。答案选 B。

17. 若从键盘输入 abcxyz 回车，则下面程序的运行结果是_____。

```
#include "stdio.h"
main()
{ char s[100], *ps = s, *ps1 = "acy", *ps2 = "yac";
  int i;
  gets(s);
  for(; *ps; ps++)
  { for(i = 0; i < 3 ; i++)
    if(*ps == *(ps1 + i))
    { *ps = *(ps2 + i);
      break;
    }
  }
  printf("%s\n", s);
}
```

　　　A．xyzabc　　　　　B．ybaxcz　　　　C．abxcyz　　　　D．yzxcab

　　分析：输入一个字符串 s，*ps 逐个取得字符串中的各个字符，再看当前的这个字符是否和串 ps1 中的 3 个字符中的任意一个相同，即当前字符是否可以在字符串 ps1 中找得到，如果能找到，则将 s 中的这个当前字符改为 ps2 字符串中对应位置（序号与 ps1 中找到的那个与 s 中当前字符相同的字符序号一致）的字符，再取 s 中的下一个字符，直到最后一个字符。答案选 B。

　　18．以下程序运行结果是_____。

```
#include "stdio.h"
main()
{ int i,j,n=3;
  for( i=1; i<=n; i++)
  { for( j=1; j<=n-i; j++) printf("%c", 32);
    for( j=1; j<=2*i-1; j++)
      if( (i+j) % 2 = = 0 ) printf("%d", i);
      else printf("%d", j);
    printf("\n");
  }
}
```

　　　A．1　　　　　　B．1　　　　　C．1　　　　　D．1
　　　 123　　　　　　　123　　　　　 123　　　　　 223
　　 32343　　　　　 13335　　　　 12345　　　　 31333

　　分析：这是一个嵌套循环输出数字的程序。共输出 3 行，每一行先输出空格（第 1 行 2 个，第 2 行 1 个，第 3 行 0 个），再输出数字（第 1 行 1 个，第 2 行 3 个，第 3 行 5 个），输出数字时，根据当前的行列号，若行号与列号之和整除 2，则输出的数字为当前行号，否则为当前列号。答案选 A。

　　19．执行 printf("%d\n" , strlen("a\n\x41")); 后的输出结果是_____。
　　　A．7　　　　　　B．6　　　　　C．4　　　　　D．3

分析：字符串"a\n\x41"中包含 3 个字符，其中后两个是转义字符。答案选 D。

20．以下程序运行结果是_____。

```
#include "stdio.h"
int z = 3;
int fun(int x)
{ z = 2 * x++;
  return z;
}
main()
{ int x = 2, y;
  y = fun( x ) - 3;
  printf("%d,%d,%d\n",x,y,z);
}
```

　　　A．2,1,3　　　　　B．3,1,4　　　　　C．3,1,3　　　　　D．2,1,4

分析：本题考查函数调用时的参数传递、函数的返回值以及全部变量等概念。main 中调用函数 fun 时，实参 x 值为 2，传入形参 x，在函数 fun 的函数体内，全局变量 z 的值改为 4（2*2），函数的返回值也为 4，所以 main 中的 y 值为 1（4-3），但调用函数 fun 后，main 中的 x 仍然为原来的 2。答案选 D。

二、改错题（每小题 10 分，共 20 分）

说明：

（1）修改程序在每对"/**/"之间存在的错误。

（2）不得删改程序中所有的"/**/"注释和其他代码。

1．下面程序的功能是：从键盘上输入两个整数及一个运算符（+，-，*，/或%），进行相应的运算后输出运算结果。

　　例如，输入：1+2

　　　　　　输出：1+2=3

```
#include<stdio.h>
void main()
{ int m,n,result,flag=0;
 /**/ char ch, /**/
  printf("Input an expression: ");
  scanf("%d%c%d",&m,&ch,&n);
 /**/ switch ch /**/
  { case '+': result=m+n; break;
    case '-': result=m-n; break;
    case '*': result=m*n; break;
    case '%': result=m%n; break;
    case '/': result=m/n; break;
    default: { printf("Error!\n"); flag=1; }
  }
  if (!flag) printf("%d %c %d = %d\n",m,ch,n,result);
```

```
      getch();
}
```

分析：这是简单的改错题，很容易发现程序中的错误。

/**/ char ch, /**/	改为 /**/ char ch; /**/
/**/ switch ch /**/	改为 /**/ switch(ch) /**/

2．下面程序的功能是：输出201～300之间的所有素数，统计总个数。

```
#include<stdio.h>
#include<math.h>
void main()
{ int num;
  printf("\n");
  num=fun();
  printf("\nThe total of prime is %d",num);
  getch();
}
int fun()
{ int m,i,k,n=0;
  for(m=201; m<=300;m+=2)
  { k=sqrt(m+1);
    for(i=2;i<=k;i++)
 /**/ if(m/i==0) /**/
      break;
 /**/ if(i==k) /**/
    { printf("%-4d",m);
     n++;
     if(n%10==0) printf("\n");
    }
  }
  return n;
}
```

分析：根据素数的概念，不难发现程序中的错误。

/**/ if(m/i==0) /**/	改为 /**/ if(m%i==0) /**/
/**/ if(i==k) /**/	改为 /**/ if(i>k) 或 i==k+1 /**/

三、填空题（每小题6分，共18分）

说明：

（1）在每对"/**/"之间的空白处补充程序，以完成题目的要求。

（2）不得删改程序中所有的"/**/"注释和其他代码。

1．完成下面的程序，使其用牛顿迭代法求方程$2x^3 - 4x^2+3x-6=0$在1.5附近的根。

```
#include<stdio.h>
#include<math.h>
```

```
/**/          /**/
{ float x,x0,f,f1;
  x=1.5;
  do
  { x0=x;
    f=((2*x0-4)*x0+3)*x0-6;
    f1=(6*x0-8)*x0+3;
    x=x0-f/f1;
  } /**/       /**/ (fabs(x-x0)>=1e-6);
  printf("the root is: %.2f\n",x);
}
```

分析：采用牛顿迭代法求解方程的近似根，由上一次 x_0 得到新的 x_1，这个过程不断迭代，直到 x_0 和 x_1 非常接近。本题不是考查算法本身，而是补充程序，因此，应该很容易补充如下：

```
/**/    main()    /**/
/**/    while    /**/
```

2. 补充下面的程序，该程序的功能是将输入的一行字符串中的大写字母转变为相应的小写字母，小写字母则转变为相应的大写字母，其余字符不变。

```
#include<stdio.h>
void main()
{ char s[80];
  int i;
  printf("Please input a string: ");
  for(i=0;((s[i]=getchar())!='\n')&&(i<80);i++);
  s[i]='\0';
  for(i=0;s[i]!='\0'; /**/       /**/ )
  {
    if(s[i]>='a'&&s[i]<='z')
      s[i]=s[i]-32;
    else if ( /**/          /**/ )
      s[i]=s[i]+32;
    printf("%c",s[i]);
  }
}
```

分析：根据程序功能，补充程序如下：

```
/**/    i++    /**/ )
/**/    s[i]>='A'&&s[i]<='Z'    /**/
```

3. 补充下面的程序，其中 main 函数通过调用 average 函数计算数组元素的平均值。

```
#include<stdio.h>
float average(int *pa,int n)
```

```
{
  int k;
  /**/              /**/
  for(k=0;k<n;k++)
    avg=avg+/**/       /**/;
  avg=avg/n;
  return avg;
}
void main()
{ int a[5]={20,30,45,64,23};
  float m;
  m=average(/**/    /**/, 5);
  printf("Average=%f\n",m);
}
```

分析：根据程序功能，补充程序如下：

```
/**/    float avg = 0;    /**/
/**/    *(pa+k) 或 pa[k]  /**/
/**/    a  /**/
```

四、编程题(每小题 11 分，共 22 分)

说明：

（1）在一对"/**/"之间编写程序，以完成题目的要求。

（2）不得删改程序中所有的"/**/"注释和其他代码。

1. 完成下面程序中的函数 fun1，该函数的数学表达式是：

$$fun1(x)=\begin{cases} 1.2 & 当\ x<3\ 时 \\ 10 & 当\ x=3\ 时 \\ 2x+1 & 当\ x>3\ 时 \end{cases}$$

例如，fun1(0.76)=1.200

　　　　fun1(3.00)=10.000

　　　　fun1(3.76)=8.520

```
#include<math.h>
#include<stdio.h>
double fun1(double x)
{
  /**/



  /**/
}
void main()
```

```
{
    printf("fun1(0.76) = %8.3lf\n", fun1(0.76));
    printf("fun1(3.00) = %8.3lf\n", fun1(3.00));
    printf("fun1(3.76) = %8.3lf\n", fun1(3.76));
}
```

分析：根据函数的要求，可以填写代码如下：

```
/**/
    if (x<3) return 1.2;
    else if(x == 3) return 10;
        else   return (2*x+1);
/**/
```

2. 完成下面程序中的函数 fun（char *s），使程序实现统计输入字符串中空格的个数。

```
#include<stdio.h>
int fun(char *s)
{ /**/



    /**/
}
void main()
{
    char str[255];
    gets(str);
    printf("%d\n",fun(str));
}
```

分析：根据函数的要求，可以逐个检查每个字符。填写代码如下：

```
/**/
int i,count=0;
for( i=0; s[i]; i++)
{
    if( s[i] == ' ') count++;
}
return  count;
/**/
```

13.3　模拟试卷 3 及解析

一、单项选择题（每小题 1.5 分，共 30 分）

1. 以下用户定义标识符中正确的是_____。

A. 3f　　　　　　　B. f3　　　　　　　C. f#3　　　　　　D. _f.3

分析：标识符的命名是有规范的，命名字符只能是字母（包括大小写）、数字和下划线，而且不能以数字开头。答案选 B。

2. 在 C 语言中，合法的字符串常量是_____。

A. "123abc"　　　　B. 'abc123'　　　　C. 123abc　　　　D. abc123

分析：字符串常量必须用双引号引起来。B 中不能用单引号，C 和 D 都缺少双引号。答案选 A。

3. 若有 int a=3,b=4,c=5;，则表达式(a>b)&& (++b ==a)的值为_____。

A. 0　　　　　　　B. 1　　　　　　　C. 4　　　　　　　D. 5

分析：这是由一个逻辑运算符&&构成的逻辑表达式。由于(a>b)的值为假，因此整个表达式值为假（0）。逻辑表达式的值只能是 0（假）或 1（真）。答案选 A。

4. 以下程序运行结果是_____。

```
main()
{ int i = -1;
  printf("%5x,%-8u,%5d\n", i, i, i);
}
```

A. FFFF ,　　65535,　　　–1　　　　　B. 0x3 ,65535　　,–1
C. ffff,65535　,　　　　–1　　　　　D. 1　　,00065535,　　–1

分析：–1 在内存中的补码表示为 1111 1111 1111 1111（设字长为 8），按十六进制输出为 ffff 或 FFFF，按无符号整型输出为 65535，按有符号输出为–1。注意，以上程序在不同的开发环境中，结果可能不同。如在 VC 6 中的结果如下图所示：

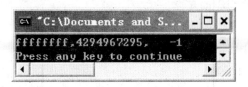

答案选 C。

5. 以下程序运行结果是_____。

```
main()
{ unsigned char a = 0x5b, b = 0xf0;
  printf("%x\n", (a & b)>> 4 );
}
```

A. 50　　　　　　　B. b　　　　　　　C. b0　　　　　　　D. 5

分析：本题考查位运算。0x5b: 0101 1011, 0xf0: 1111 0000；所以 a&b 的值为 01010000（即 0x50），(a& b)>> 4 的值为 0000 0101（即 0x05）。注意，变量 a 和 b 的值并没有变。答案选 D。

6. 以下程序的运行结果是_____。

```
#include "stdio.h"
main()
```

```
{
  int i=0, j=0;
  while( ++i )
  { if( i%3==0 ) continue;
    else   j += i;
    if( i > 5 ) break;
  }
  printf("%d\n", j);
}
```

　　A．21　　　　　　　　B．19　　　　　　C．12　　　　　　D．7

　　分析：每进入一次循环，判断当前的 i 值，若不能整除 3，则加入 j，i 增 1，进入下一次循环，再判断。若能被 3 整除，则不加，直接进入下一次循环。所以最后的和应该是 1+2+4+5+7。答案选 B。

　　7．C 语言中关于用户变量定义与使用的不正确描述是_____。

　　　　A．系统在编译时或在运行程序时为变量分配相应的存储单元

　　　　B．通过类型转换可更改变量存储单元的大小

　　　　C．定义整型局部静态变量时不赋初值，编译时自动赋初值 0

　　　　D．变量必须先定义后使用

　　分析：通过类型转换可以获得目标类型的值，但不可更改变量存储单元的大小。如，double x=3.5;，表达式(int)x 的值为 3，但 x 并没有改变其存储空间的大小。答案选 B。

　　8．以下程序在数组 w 中插入一元素 x，在 w 数组中插入前有 n 个元素，且这 n 个元素已按由大到小顺序存放。要求插入 x 后数组 w 中的数仍有序（由大到小存放）。

　　在程序中填入正确选项完成程序。

```
#include "stdio.h"
main()
{ int w[15]={55, 19, 13, 8, 5, 5, 1}, n=7, x=15, i, pos=0;
  while( x < w[pos] ) pos++;
  for( i=n; i>pos; i-- ) w[i] =_____;
  w[pos]=x;
  n++;
  for( i=0; i<n; i++)  printf("%d, ", w[i] );
  printf("\n");
}
```

　　　　A．w[i−1]　　　　　B．w[i+1]　　　　C．w[i−−]　　　　D．w[i++]

　　分析：程序中先找到插入元素的位置（第 5 个元素），再将插入位置处及其之后的各元素后移一位（方向从后向前）。最后，将 x 加入。答案选 A。

　　9．若有定义 int a[3][4];，则以下定义的指针经赋值后，不能正确存取数组 a 中的元素的是_____。

　　　　A．int (*p)[4]; p = a;　　　　　　　　B．int*p[3],i =3; while(−−i>= 0) p[i] = a[i];

　　　　C．int *p; p = &a[0][0];　　　　　　　D．int (*p)(); p = a;

分析：D 中 p 为一指向函数的指针，无法进行 p=a 的赋值操作。答案选 D。

10. 以下程序运行结果是_____。

```
void fun(int * x )
{ static int a;
    *x = ++a;
}
main()
{ int i, t;
  for( i=0; i<10; i++)
     fun( &t );
  printf( "%d\n", t );
}
```

    A. 1   B. 10   C. 5   D. 不确定

分析：本题考查静态局部变量的含义及函数调用的参数传递。主函数调用了 10 次 fun 函数，第 1 次调用 fun 函数时，静态局部变量 a 的值默认初始化为 0，*x 值为 1；第 2 次调用 fun 函数时，*x 值为 2，a 的值也为 2；以此类推，调用 10 次后，*x 值为 10。*x 值传回 t。答案选 B。

11. 以下程序利用宏定义取两个表达式 x、y 的较大者，下列宏定义中正确的是_____。

    A. #define MAX(x,y)   ((x) > (y)) ? (x) : (y)

    B. #define MAX(x,y)   x > y ? x : y

    C. #define MAX(x,y)   x < y ? x : y

    D. #define MAX(x,y)   ((x) < (y)) ? (x) : (y)

```
...宏定义...
main()
{ int a = 5, b = 8, c = 20;
  printf("%d\n",MAX( a-b , b+c ? a : b ) );
}
```

分析：使用带参数的宏定义时，要注意括号的使用与否对结果的影响。答案选 A。

12. 以下程序运行结果是_____。

```
#include "stdio.h"
main()
{ int i;
  for(i = 3; i < 10; i++)
  { if( i * i / 20 > 1 ) break;
    printf( "%d ", i );
  }
  printf("\n");
}
```

    A. 3 4 5 6 7   B. 3 4   C. 3 4 5   D. 3 4 5 6

分析：注意 i*i/20 的值为整型，所以当 i=3,4,5,6 时，i*i/20>1 都为真（1）。答案选 D。

13．若有定义 int x=5, y=2;，则表达式 y=2+x, x++, 2*y 的结果是_____。

    A．4　　　　　　B．7　　　　　　C．14　　　　　　D．6

分析：注意运算符的优先级，逗号运算符的优先级最低。所以表达式 y=2+x, x++, 2*y 等价于表达式(y=2+x), x++, 2*y，根据逗号表达式的值的计算顺序，整个逗号表达式的值为 2*y，即为 14。答案选 C。

14．以下程序段的运行结果是_____。

```
double  fun ( double x ) { return x * x; }
main()
{ double x = 1.2,y;
  y = fun(x);
  printf("%6.2f",y);
}
```

    A．1.44　　　　　　B．不确定　　　　　　C．1.00　　　　　　D．2.00

分析：答案选 A。

15．当前目录下有一数据文件 data.txt，该文件中存有若干个实型数据，各实型数据之间用一个逗号隔开，以下程序输出 data.txt 中所有实型数据的平均值。选择正确选项，填空完成程序。

```
#include "stdio.h"
main()
{ FILE *fp;
  float f, average=0.0;
  int n=0;
  fp=fopen("data.txt", "r");
  while( !feof(fp) )
  { n++;
    _____;
    average += f;
  }
  average = average / n;
  printf("%f\n", average);
  fclose(fp);
}
```

    A．fscanf(fp, "%f", &f);　　　　　　B．fprintf(fp, "%f", &f);

    C．fscanf(fp, "%f,", &f);　　　　　　D．fprintf(fp, "%f,", &f);

分析：文件中各个数据之间指明用逗号隔开，因此，读入这些数据时，应该指定读入的控制格式为"%f,"。答案选 C。

16．调用以下 4 个函数时，_____不能交换两个实参变量的值。

A．swapa(int *p, int *q)

{ int *t;

t=(int*)malloc(sizeof(int));

*t=*p;*p=*q;*q=*t;

}

B．swapb(int *p, int *q)

{ int t;

t=*p;　*p=*q;　*q=t;

}

C．swapc(int *p, int *q)

{ int a, *t=&a;

*t=*p; *p=*q; *q=*t;

}

D．swapd(int *p, int *q)

{ int *t;

t=p;　p=q;　q=t;

}

分析：D 中对无所指的指针变量 t（值不确定）的直接使用是非法的。答案选 D。

17．C 语言规定，函数返回值的类型由_____所决定。

A．return 语句中，表达式的类型

B．调用该函数时，主调函数的类型

C．调用该函数时，实参的类型

D．定义该函数时，函数返回值的类型

分析：当定义函数时的函数返回值类型与"return 表达式;"语句中表达式类型不一致时，以定义时的返回值类型为准。答案选 D。

18．若 int a[][3]={ 1, 2, 3, 4, 5, 6, 7, 8 };，则 a 数组第一维的大小是_____。

A．2　　　　　　B．3　　　　　　C．4　　　　　　D．无确定值

分析：每行长度为 3，则可推算总共有 3 行。答案选 B。

19．以下程序段运行结果是_____。

```
enum  color {red, blue = -3, yellow, green};
enum  color cr = green;
printf("%d\n",cr);
```

A．green　　　　B．–1　　　　　C．1　　　　　　D．不确定

分析：枚举常量 blue 值指定为–3，则 yellow 值为–2，green 值为–1。答案选 B。

20．以下程序段中函数 fun 的功能是用来_____。

```
struct node
{ int data;
  struct node *next;
};
void fun(struct node * head)    /* head 指向链表首结点 */
{ struct node * p = head;
  while( p != NULL)
  { printf("%d  ", p->data );
    p = p->next;
  }
}
```

A．建立单向链表　　　　　　　　B．向单向链表中插入一个结点

C．显示单向链表中的所有数据　　　　D．删除单向链表

分析：函数 fun 实现遍历（输出数据）单链表各个结点。答案选 C。

二、改错题（每小题 10 分，共 20 分）

说明：

（1）修改程序在每对"/**/"之间存在的错误。

（2）不得删改程序中所有的"/**/"注释和其他代码。

1. 下面程序要求从键盘上任意输入一个正整数，求其各位上的数字和及各位上的数字积。例如，如果输入的是 127，则各位数字和=1+2+7=10，各位数字积=1*2*7=14；如果输入的是 102，则各位数字和=1+0+2=3，各位数字积=1*0*2=0。

```c
#include<stdio.h>
main()
{ int n, yw, s=0, /**/ t=0 /**/;
   printf("input a positive integer:\n");
   scanf("%d",&n);
   while(n!=0)
      {yw=n%10;
       s=s+yw;
       t=t*yw;
       /**/ n=yw%10; /**/
       }
       printf("s=%d,t=%d\n",s,t);
}
```

分析：通过取模"%"求得当前数据的个位数，通过将原来数据除以 10，就将原来数据的个位去掉，得到剩下的部分数据。这个过程持续下去，直到取到了所有位上的数字为止。求和之前，初始化为 0；求积之前，初始化为 1。程序需要修改的错误为：

/**/　　t=0　　/**/　　改为　　/**/　　t=1　　/**/
/**/　n=yw%10; /**/　　改为　　/**/　n=n/10; /**/

2. 下面程序中的函数 find_str()用来返回字符串 s2 在字符串 s1 中第一次出现的首地址。如果字符串 s2 不是 s1 的子串，则该函数返回空指针 NULL。

```c
#include<stdio.h>
#include<string.h>
char *find_str(char *s1,char *s2)
{int i,j,ls2;
 ls2=strlen(s2);
 for(i=0;i<=strlen(s1)-ls2;i++)
   {for(j=0;j<ls2;j++) if (s1[j+i]!=s2[j]) break;
    if(j==ls2) /**/ return(s1+j) /**/;
    }
    return NULL;
}
```

```
void main()
{char *a="dos6.22 windows98 office2000",*b="windows",/**/ c /**/;
 c=find_str(a,b);
 if(c!=NULL) printf("%s\n",c);
 else printf("未找到字符串%s\n",b);
 }
```

分析：如果 s2 串中的各个字符都在 s1 串中，则返回 s2 在字符串 s1 中第一次出现的首地址，应该为 s1+i；主函数中的变量 c 存储返回来的地址，所以应该为 char* 类型。所以修改如下：

| /**/ return(s1+j) /**/ | 改为 | /**/ return(s1+i) /**/ |
| /**/ c /**/ | 改为 | /**/ *c /**/ |

三、填空题（每小题 6 分，共 18 分）

说明：

（1）在每对"/**/"之间的空白处补充程序，以完成题目的要求。

（2）不得删改程序中所有的"/**/"注释和其他代码。

1. 补充下面的程序，该程序用于精确计算 2 的 100 次方。程序中用一整型数组 a 来存储计算结果，假设计算结果有 n 位，则 a[0]保存计算结果的个位，a[1]保存计算结果的十位，……，a[n-1]保存计算结果的最高位。

```
#include "stdio.h"
#define N 100
main()
{ int i, j, n, a[N]={0};
  n=1; a[0]=1;
  for(i=1; i<=N; i++)
  { for(j=n-1; j>=0; j--)  a[j] *= 2;
    for(j=0; j<n; j++)
    { a[j+1] += a[j]/10;
      a[j] %= /**/     /**/;
    }
    if( a[n] ) /**/    /**/;
  }
  for(i=n-1; i>=0; i--)
    printf("%d", a[i]);
  printf("\n");
}
```

分析：外层循环 N 次，每一次循环将上次存储的 a[0]~a[n-1]位的数字乘以 2，再检查乘以 2 后的各位数值（从低位到高位）是否需要向相邻的高位进位（当 a[j]≥10 时，需要进位，a[j+1] += a[j]/10），进位后，本身位置上(a[j])的数据应该为 a[j] %=10；检查进位后原来数据位 a[n-1]的相邻高位(a[n])值是否有值，若有值，则存储的数据位增 1。最后输出 n 位数据值。程序补充为：

```
/**/    10   /**/
/**/    n++   /**/
```

2. 桥牌使用 52 张扑克牌，以下程序是一个模拟人工洗牌的程序，并把洗好的牌发给 4 个人。其算法为：首先在一维数组 a 中存放 52 个整数（0～51），分别对应每一张扑克牌，然后由计算机随机产生 51 个整数来决定洗好后每张扑克牌的位置，最后将其按每行 4 个数进行输出，实现模拟摸牌。

```
#include "stdlib.h"
main()
{ int i, k, a[52],temp;
  for(i=0; i<52; i++)  /**/      /**/ = i;
  randomize();              /* 初始化随机数产生函数 */
  for(i = 51; i>0; i--)
  { /**/      /**/ = random(i);   /*产生一个 0 到 i-1 之间的随机数 */
    temp = a[i];
    a[i] = a[k];
    a[k] = temp;
  }
  printf("洗好后扑克牌的顺序为：\n");
  for(i=0; i<52; i++)
   printf("%5d%c", a[i], ((i+1)%4) ? ' ': /**/      /**/);
  /* 每 4 个数换行，即每列数对应一人所摸的扑克牌 */
}
```

分析：这个洗牌的算法是：首先产生 52 张不同的牌（a[0]=0,a[1]=1,…,a[51]=51），然后开始洗牌，洗牌的办法是交换两张牌的位置，先将 a[51]和 a[0]~a[50]中的随机一张交换，再将 a[50]和 a[0]~a[49]中的随机一张交换，如此下去，直到 a[1]和 a[0]交换。这样就得到了一组新牌（a[51]~a[0]），最后按序分发这些牌，每行 4 张，同列的牌分给同一人。补充程序为：

```
/**/    a[i]   /**/
/**/    k    /**/
/**/    '\n'   /**/
```

3. 已知如下两个库函数的相关信息：

          typedef unsigned size_t;
函数原型：void * malloc(size_t size);
功　　能：在内存的动态存储区中分配一个指定长度 size（以字节为单位）的连续存储空间。
返 回 值：成功返回所分配空间的首地址，失败返回 NULL。
函数原型：void free(void* block);
功　　能：释放由 malloc 或 calloc 函数分配的存储空间。
返 回 值：没有返回值。

　　补充下面的程序，该程序用来从键盘输入一个整数 n，然后在内存中分配一个大小为 n*n 的整型数组，并让其对角线上的元素全为 1，其他元素全为零，即 n*n 阶的单位矩阵，并将其输出到屏幕，最后在程序结束前将所申请的内存释放。

```c
#include "alloc.h"
#include "stdio.h"
main()
{ int n,i,j,*p;
  do { printf("请输入一个大于 0 的整数：\n");
      scanf("%d",&n);
    }while(n <= 0);
  p = ( /**/     /**/ )malloc( n * n * sizeof(int));
  if( /**/     /**/ )
  { printf("内存不足，程序终止！\n");
    exit(0);
  }
  for(i = 0; i < n*n; i++)  *(p+i) = 0;
  for(i = 0; i < n; i++)
    *(p + n*i + i) = 1;
  for(i=0; i<n; i++)
  { for(j=0; j<n; j++)
      printf("%4d",*(p + n*i + j));
    printf("\n");
  }
  /**/     /**/(p);
}
```

　　分析：malloc 函数的返回值类型为 void*，而 p 的类型为 int *,因此应使用类型转换，将 void* 转换为 int *;，返回值为 NULL(0)，则动态存储分配失败；先将 n^2 个元素初始为 0，然后将其中的"对角线元素"设置为 1。最后释放动态内存。补充部分的代码如下：

```c
/**/  int *  /**/
/**/  p == NULL 或 !p 或 p==0  /**/
/**/  free  /**/
```

四、编程题（每小题 11 分，共 22 分）

说明：

（1）在一对"/**/"之间编写程序，以完成题目的要求。

（2）不得删改程序中所有的"/**/"注释和其他代码。

1. 完成下面程序中的函数 sort，该函数用选择法对数组 a 由小到大排序，数组 a 有 n 个元素。

```c
#include "stdio.h"
void sort(int a[], int n)
{ /**/
```

```
/**/ }
main()
{ int i, b[]={ 4, 15, 3, 9, 7, 6, 8, 1};
  sort(b, 8);
  for(i=0; i<8; i++)
    printf("%5d", b[i]);
  printf("\n");
}
```

分析：选择排序是一种简单的排序算法，大家应该清楚。而且它还有两种不同的形式。这里给出一种（延迟交换），另一种形式（直接交换）请大家自己完成。

```
int i, j, k, t;
  for( i=0; i<n-1; i++ )
  { k = i;
    for( j=i+1; j<n; j++ )
      if( a[j] < a[k] ) k=j;
    if( k != i )
    { t = a[k];
      a[k] = a[i];
      a[i] = t;
    }
  }
/**/
```

2. 该程序实现输入两个字符串 s1、s2，并从 s1 中删去出现在 s2 中的字符。例如，s1 为"abcaa63akdfk"，s2 为"ayk5"，程序运行后输出：bc63df。

```
void main()
{ char s1[300]="abcaa63akdfk",s2[300]="ayk5";
  fun(s1,s2);
  printf("%s\n", s1);
}
void fun(char *s1, char *s2)
{ /**/



  /**/
}
```

分析：实现这个函数的答案是不唯一的，我们可以实现如下：

```
/**/
char *p1=s1, *p2;
while( *s1 )
{   p2=s2;
    while( *p2 && (*s1 != *p2) )  p2++;
    if ( *p2=='\0' )  *p1++ = *s1;
    s1++;
}
*p1='\0';
/**/
```

13.4　模拟试卷 4 及解析

一、单项选择题（每小题 1.5 分，共 30 分）

1. 组成 C 语言程序的是_____。

　　A．子程序　　　　　　　　　　B．过程

　　C．函数　　　　　　　　　　　D．主程序和子程序

分析：函数是组成 C 程序的基本单位。答案选 C。

2. 下列程序的输出是_____。

```
#include<stdio.h>
main()
{printf ("%d", null);}
```

　　A．0　　　　　　　　B．变量无定义　　C．–1　　　　　　D．1

分析：编译程序，会出现错误：error C2065: 'null' : undeclared identifier。请注意 null 与宏 NULL 的区别。将其改为 NULL 则程序正确。答案选 B。

3. 已知字母 a 的 ASCII 十进制代码为 97，则执行下列语句后的输出为_____。

```
char a='a';
a--;
printf ("%d, %c\n", a+'2'-'0', a+'3'-'0');
```

　　A．b, c　　　　　　　　B．a––运算不合法，故有语法错误

　　C．98, c　　　　　　　　D．格式描述符和输出项不匹配，输出无定值

分析：字符与整型数据运算时，使用的是字符对应的 ASCII 值。a––；后 a 变量值为 96 ，表达式 a+'2'-'0'的值为 98，表达式 a+'3'-'0'的值为 99，即为字符'c'的 ASCII 码值。答案选 C。

4. 若变量 a 已说明为 float 类型，i 为 int 类型，则能实现将 a 中的数值保留小数点后两位，第三位进行四舍五入运算的表达式是_____。

　　A．a= (a*100+0.5) / 100.0　　　　　　B．i=a*100+0.5, a= i / 100

　　C．a=(int) (a*100+0.5) / 100.0　　　　D．a= (a / 100+0.5) * 100.0

分析：要实现将 a 中的数值保留小数点后两位，第三位进行四舍五入，可以通过

(int)(a*100+0.5)，通过取整的类型转换，将小数点后的第三位经四舍五入到小数点第二位上，再取小数点后两位。答案选 C。

5. 若给定条件表达式(M)? (a++):(a − −) ，则与表达式 M 等价的是_____。

  A．(M = = 0) B．(M = = 1) C．(M != 0) D．(M != 1)

分析：只要 M 值不为 0，逻辑表达式 M 的值就为真。答案选 B。

6. 以下程序的输出是_____。

```
#include<stdio.h>
main()
{int i, j, k, a=3, b=2;
 i = (--a = = b++)? --a : ++b;
j=a++; k=b;
 printf ("i=%d,j=%d,k=%d\n",i, j, k);
}
```

  A．i=2,j=1, k=3   B．i=1,j=1, k=2
  C．i=4,j=2, k=4   D．i=1,j=1, k=3

分析：在执行语句 i = (−−a = = b++)? −−a : ++b;的过程中，首先计算(−−a = = b++)，使得 a 值为 2，b 值为 3，表达式(−−a = = b++)为 1（真），所以再计算表达式−−a，使得变量 a 值为 1，同时变量 i 值也为 1。接下来，j=a++;使得 j 值为 1。k=b;使得 k 值为 3。答案选 D。

7. 以下_____表达式不能用来表示：当 x 的值为偶数时值为"真"，为奇数时值为"假"。

  A．x%2= =0   B．!x%2!=0
  C．(x /2*2−x)= =0   D．!(x%2)

分析：A 项：当 x 的值为偶数时，表达式（x%2= =0）的值为真；当 x 的值为奇数时，表达式（x%2= =0）的值为假。B 项：注意表达式中 3 个运算符的优先级（"!"优于"%"优于"!="），所以当 x 的值为偶数时，表达式（!x %2 != 0）的值为假（!x 值为 0，0%2 的值为 0）；当 x 的值为奇数时，表达式（!x %2 != 0）的值也为假。其他选项类似，请读者自己分析。答案选 B。

8. 在下面给出的 4 个语句段中，能够正确表示出

$$y = \begin{cases} -1 & (x<0) \\ 0 & (x=0) \\ 1 & (x>0) \end{cases}$$

函数关系的语句段是_____。

  A．if (x!=0)   B．y=0;
    if (x>0) y=1;   if (x>=0)
    else y= −1;   if (x) y=1;
  else y=0;   else y= −1;
  C．if (x<0) y= −1;   D．y= −1;
    if (x!=0) y=1;   if (x!=0)
    else y=0;   if (x>0) y=1; else y=0;

分析：B 项中，开始时，预设 y 值为 0，然后若 x>0，则 y 值为 1，若 x 为 0 时，则 y 值为–1，与题意不符。其他两项类似，请大家自己分析。答案选 A。

9. 下列程序的输出为_____。

```
#include<stdio.h>
main()
{ int i, j, x=0;
  for (i=0; i<2; i++)
  { x++;
    for(j=0; j<=3; j++)
    { if ( j%2) continue;
      x++;
    }
    x++;
  }
 printf ("x=%d\n",x);
}
```

　　A．x=4　　　　　　　B．x=8　　　　　　C．x=6　　　　　　D．x=12

分析：注意 continue 语句的含义以及嵌套循环，不难选择答案 B。

10. 下列程序的输出为_____。

```
#include<stdio.h>
main()
{int x=1, y=0, a=0 ,b=0;
 switch (x)
   {case 1:
     switch (y)
      {case 0: a++; break;
       case 1: b++; break;
      }
    case 2: a++; b++; break;
    case 3: a++; b++;
   }
 printf ("a=%d,b=%d\n", a, b);
}
```

　　A．a=1, b=0　　　　B．a=2, b=1　　　C．a=1, b=1　　　D．a=2, b=2

分析：类似这样的题目，我们已经在前面分析过了。值得注意的是 switch 语句中 case 子句中有无 break 语句的执行流程以及嵌套 swtich 的使用。答案选 B。

11. 下列程序的输出为_____。

```
#include<stdio.h>
main()
{ int y=10;
   while (y--);
```

```
    printf("y=%d\n", y);
}
```

  A．y=0　　　　　　　　　　　　　　B．while 构成无限循环

  C．y=1　　　　　　　　　　　　　　D．y=−1

  分析：当表达式 y—值为 1 时（循环条件为真），变量 y 值为 0，再次进入循环，此时表达式 y—的值为 0（假），变量 y 的值为−1，退出循环。答案选 D。

  12．下列程序的输出结果为_____。

```
#include<stdio.h>
main()
{ int a[ ]={1, 2, 3, 4, 5, 6}, *p;
 p=a; *(p+3)+=2 ;
 printf("%d, %d\n", *p, *(p+3));
}
```

  A．0, 5　　　　　B．1, 5　　　　　C．0, 6　　　　　D．1, 6

  分析：p=a;后指针 p 指向了数组的首元素 a[0]，所以*p 值为 1。语句*(p+3)+=2;使得 a[3] 值加 2，即使得 a[3]值变为 6（4+2）。所以输出*(p+3)值为 6。答案选 D。

  13．若有定义 int a[4][10];，则以下选项中对数组元素 a[i][j]（设 0≤i<4, 0≤j<10）的错误引用是_____。

  A．*(&a[0][0]+10*i+j)　　　　　　B．*(a+i)[j]

  C．*(*(a+i)+j)　　　　　　　　　　D．*(a[i]+j)

  分析：B 中的表达式*(a+i)[j]等价于*((a+i)[j])(即[]优先级高于*)，若要引用 a[i][j]，可以将其改为(*(a+i)) [j]。答案选 B。

  14．以下_____是不正确的。

  A．char s[ ]="abcde";　　　　　　　B．char *s, gets(s);

  C．char *s; s="abcde";　　　　　　　D．char s[30]; scanf ("%s", s);

  分析：B 不正确，因为 s 无所指（值不定）。无法实现 gets(s)。答案选 B。

  15．若有以下定义和语句，则输出是_____。

```
char *sp="\t\v\\0will\n";
printf ("%d", strlen(sp));
```

  A．14　　　　　　　　　　　　　　B．3

  C．9　　　　　　　　　　　　　　　D．字符串中有非法字符，输出值不定

  分析：转义字符'\0'是字符串的结束标记。因此字符串的长度只包括'\0'之前的字符个数。其前有 3 个转义字符。答案选 B。

  16．以下程序的输出值是_____。

```
#include<stdio.h>
#define M  3
#define N  M+1
#define NN  N*N/2
```

```
main()
{
 printf("%d\n", NN)
printf("%d\n", 5*NN);
 }
```

 A. 3   B. 4   C. 6   D. 8
   17   30   18   40

分析：本题使用了嵌套的宏定义。NN 等价于 N*N/2，等价于 M+1*M+1/2，等价于 3+1*3+1/2，所以 NN 值为 6。采用同样的宏替换方法，可以得到 5*NN 值为 5*3+1*3+1/2，即为 18。答案选 C。请注意宏定义中括号的使用与否对结果的影响。

17. 以下程序的运行结果是_____。

```
#include<stdio.h>
main()
{int k=4, m=1, p;
 p=func(k, m);
 printf("%d, ", p);
 p=func(k, m);
 printf("%d\n ", p);
}
func(int a, int b)
{static int m, i=2;
 i+=m+1;
 m= i+a+b;
 return (m);
}
```

 A. 8, 17   B. 8, 16   C. 8, 20   D. 8, 8

分析：本题考查静态局部变量的使用，注意静态局部变量没有初始化时，其值为 0。另外，也要注意题中两个函数内变量 m 的区别。答案选 A。

18. 若有以下的说明和语句，已知 int 类型占两个字节，则输出结果为_____。

```
union un
{int i;
 double y;
};
struct st
{char a[10];
 union un b;
};
printf ("%d\n", sizeof (struct st));
```

 A. 18   B. 20   C. 10   D. 12

分析：前面的模拟题中已经分析了类似的题目。答案选 A。

19. 以下程序的输出结果是_____。

```
#include<stdio.h>
main()
{enum team {qiaut, cubs=4, pick, dodger=qiaut-2};
 printf("%d, %d, %d, %d\n", qiaut, cubs, pick, dodger);
}
```

  A. 0, 4, 5, –2   B. 0, 4, 5, qiaut–2

  C. 3, 4, 5, 6   D. 0, 4, 0, –2

分析：枚举常量 qiaut 值为 0，cubs 值为 4，则 pick 值为 5，dodger 值为–2。答案选 A。

20. C 语言中的文件类型只有_____。

  A. 索引文件和文本文件两种   B. ASCII 文件和二进制文件两种

  C. ASCII 文件一种   D. 文本文件一种

分析：答案选 B。

二、改错题（每小题 10 分，共 20 分）

说明：

（1）修改程序在每对"/**/"之间存在的错误。

（2）不得删改程序中所有的"/**/"注释和其他代码。

1. 下面程序输出如下所示图形：

```
        *
      * * *
    * * * * *
  * * * * * * *
* * * * * * * * *
```

```
#include<stdio.h>
void main()
{
/**/  int i; j;  /**/
   for (i=1;i<=5;i++)
   {
     for(j=1;j<=10-2*i;j++) printf(" ");
/**/  for(j=1;j<=5;j++)  /**/
       printf("* ");
     printf("\n");
   }
}
```

分析：不难看出，每行中"*"的个数是行号的函数关系，不是固定值 5。修改程序中的错误如下：

```
/**/  int i; j;  /**/          改为 /**/int i,j;   /**/
/**/  for (j=1;j<=5;j++)  /**/   改为 /**/ for(j=1;j<=2*i-1;j++) /**/
```

2．下面程序的功能是求解百元买百鸡问题：

设一只公鸡 2 元，一只母鸡 1 元，一只小鸡 0.5 元。问一百元买一百只鸡，公鸡、母鸡和小鸡数可分别为多少？有多少种分配方案？

```
#include<stdio.h>
#include<conio.h>
/**/int fun();/**/
{ int hen,cock,chicken,n=0;
  clrscr();
  for(cock=0;cock<=50;cock+=1)
    for(hen=0;hen<=100;hen=hen+1)
      { chicken=2*(100-hen-2*cock);
    /**/ if(cock+hen+chicken=100) /**/
          {n++;
           printf("%d-->hen:%d,cock:%d,chicken:%d\n",
          n,hen,cock,chicken);
           if(n==20) getch();
          }
      }
  return n;
}
void main()
{ int num;
  num=fun();
  printf("\n There are %d solutions.\n",num);
  getch();
}
```

分析：第一处函数定义的首部不应该有分号"；"。第二处不应该是赋值运算，而是关系运算。程序错误处修改如下：

```
/**/int fun();/**/    改为    /**/   int fun()   /**/
/**/if(cock+hen+chicken=100)/**/改为/**/if(cock+hen+chicken==100)/**/
```

三、填空题（每小题 6 分，共 18 分）

说明：

（1）在每对"/**/"之间的空白处补充程序，以完成题目的要求。

（2）不得删改程序中所有的"/**/"注释和其他代码。

1．补充程序，使其计算满足下式的一位整数 A 和 B 的值。

$$
\begin{array}{r}
AB \\
\times\ BA \\
\hline
403
\end{array}
$$

```
#include<stdio.h>
void main()
{
```

```
int a,b,k;
int plu = /**/      /**/;
for(a=1; a<10; a++)
 for(b=1; b<10; b++)
 {
  k = (a*10+b)*  /**/          /**/ ;
  if(k==plu) printf("A = %d, B = %d\n",a,b);
 }
}
```

分析：第一处，根据后面的 if(k==plu) printf("A = %d, B = %d\n",a,b);，可以知道这里应该填入乘积结果值。第二处，根据题意以及 "k=(a*10+b)* ?" 的提示，不难填入(b*10+a)。补充的程序代码如下：

```
/**/   403   /**/
/**/   (b*10+b)/**/
```

2. 补充下面程序，使其实现输入若干整数，统计其中大于零和小于零的个数，以零结束输入。

```
#include<stdio.h>
void main()
{
  int n,a,b;
  /**/


  /**/
  scanf("%d",&n);
  while(/**/        /**/)
  {
   if(n>0) a++;
   else /**/      /**/
   scanf("%d",&n);
  }
  printf("Positive integer: %d, negative integer: %d\n",a,b);
}
```

分析：根据最后的输出，知道变量 a 和 b 存储正整数和负整数的个数。n 存储各次输入的整数，当 n 为 0 时结束输入。补充的程序代码如下：

```
/**/    a = 0 ; b = 0;  /**/
/**/    n!=0 或 n   /**/
/**/    b++;  /**/
```

3. 补充下面的程序，该程序可测试哥德巴赫猜想：从键盘上输入一个大于 6 的偶数，总能找到两个素数，使得这两个素数之和正好等于该偶数。

```
#include<stdio.h>
int prime(int n)
{ int k,flag=1;
  for(k=2; k<=n/2+1; k++)
    if (n%k==0) { flag=/**/    /**/ ;, break;}
  return flag;
}
void main()
{ int num, a;
  clrscr();
  do
  { printf("Please input an even number:");
    scanf("%d", &num);
  }while(num<=6||num%2==1);
  for(a=2;a<=num/2+1;a++)
  if(prime(a)&& prime(/**/      /**/))
    printf("\n %d = %d + %d ", num, a, num-a);
}
```

分析：题中变量 flag 是一标记，若为素数，则为 1，否则为 0。验证偶数 num 能否表示成两个素数之和，即 num 能否表示为素数 a 和素数 num–a 之和。程序代码补充为：

```
/**/  0  /**/
/**/.  num-a    /**/
```

四、编程题（每小题 11 分，共 22 分）

说明：

（1）在一对 "/**/" 之间编写程序，以完成题目的要求。

（2）不得删改程序中所有的 "/**/" 注释和其他代码。

1. 完成以下程序中的函数 fun1，该函数的数学表达式是：

$$\text{fun1}(x) = \frac{e^x + |x-6|}{x+1.3}$$

例如，fun1(0.76)=3.582

　　　fun1(3.00)=5.369

　　　fun1(3.76)=8.931

```
#include<math.h>
#include<stdio.h>
double fun1(double x)
{ /**/



  /**/
}
void main()
```

```
{
    printf("fun1(0.76) = %8.3lf\n", fun1(0.76));
    printf("fun1(3.00) = %8.3lf\n", fun1(3.00));
    printf("fun1(3.76) = %8.3lf\n", fun1(3.76));
}
```

分析：计算一个数学表达式的值，只要调用相应的数学库函数即可。可以填写如下：

```
return   ( exp(x) + fabs(x -6 ) ) / (x+1.3);
```

2．补充下面程序中的函数 fun2(char a[ ], char b[ ], char c[ ])，实现：将 3 个字符串 a、b、c 从小到大排序后输出。注意：字符串比较函数为 strcmp(str1, str2)，字符串赋值函数为 strcpy(str1, str2)。

```
#include<string.h>
#include<math.h>
#include<stdio.h>
void fun2(char a[],char b[],char c[])
{
/**/



/**/
}
void main()
{ char str1[15]="Fuzhou",str2[15]="Fujian",str3[15]="China";
  fun2(str1,str2,str3);
  printf("The ordered strings is : %s, %s, %s\n",str1,str2,str3);
}
```

分析：利用函数 strcmp(s1,s2)可以实现两个字符串 s1 和 s2 的比较，利用函数 strcpy(s1, s2) 可以实现将字符串 s2 复制到字符串 s1 中。可以补充程序代码如下：

```
/**/
char str[15];
if (strcmp(a,b)> 0 )
{   strcpy(str,a);
        strcpy(a,b);
        strcpy(b,str);
}
if ( strcmp(a,c)> 0)
{   strcpy(str,a);
    strcpy(a,c);
    strcpy(c,str);
}
 if ( strcmp(b,c)>0)
{   strcpy(str,b);
        strcpy(b,c);
        strcpy(c,str);
}
/**/
```

13.5　模拟试卷 5 及解析

一、单项选择题（每小题 1.5 分，共 30 分）

1．以下关于 C 语言标识符的描述中，正确的是_____。

    A．标识符可以由汉字组成　　　　　　　B．标识符只能以字母开头

    C．关键字可以作为用户标识符　　　　　D．Area 与 area 是不同的标识符

分析：根据 C 语言标记符的命名规则，答案选 D。

2．C 语言中，以下_____不是正确的常量。

    A．543210L　　　　　B．05678　　　　　C．–0x41　　　　　D．12345

分析：0 开头的整数为八进制数，但 B 中出现的数字 8 不是有效的八进制数组成数字。答案选 B。

3．使下列程序段输出"123,456,78"，由键盘输入数据，正确的输入是_____。

```
int i, j, k;
scanf("%d,%3d%d", &i, &j, &k);
printf("%d,%d,%d\n", i, j, k);
```

    A．12345678　　　　　　　　　　　　　B．123,456,78

    C．123, 45678　　　　　　　　　　　　　D．123,*45678

分析：当输入函数 scanf 指定要输入的几个数据之间的分隔符时，输入时也要输入该指定的分隔符。"%3d"指定了输入时数据的宽度，后面不应该出现分隔符","，但可以出现空格符或 Tab 键或回车符。答案选 C。

4．若有语句 int a=1, b=2, c=3;，则以下值为 0 的表达式是_____。

    A．'a' && 'b'　　　　　　　　　　　　　B．a <= b

    C．((a>b) || (b<c))　　　　　　　　　D．(! (a+b) == c && a)

分析：D 项中! (a+b)值为 0， c && a 值为 1，整个表达式值为 0。答案选 D。

5．以下程序的运行结果是_____。

```
main()
{ int a[][3]={ { 1, 2, 3 }, { 4, 5 }, { 6 }, { 0 } };
  printf("%d,%d,%d\n",a[1][1], a[2][1], a[3][1]);
}
```

    A．1,4,6　　　　　　　　　　　　　　　B．5,0,0

    C．1,2,3　　　　　　　　　　　　　　　D．不确定的

分析：没有赋值的数组元素，其值取决于数组的存储类型和编译系统的处理。当数组为局部数组时，在大多数编译系统中，将其处理为 0，也有编译系统处理为不确定值。所以我们认为答案 D 比较合适（原来答案为 B）。

6．以下叙述中不正确的是_____。

    A．在不同的函数中可以使用相同名字的变量

　　B．程序中有调用关系的函数必须放在同一个源文件中

　　C．在一个函数内定义的变量只在本函数范围内有效

　　D．函数中的形式参数是局部变量

分析：在多文件程序结构中，不同函数可以定义在不同文件中。答案选 B。

7．在循环语句的循环体中执行 break 语句，其作用是_____。

　　A．跳出该循环体，提前结束循环

　　B．继续执行 break 语句之后的循环体各语句

　　C．结束本次循环，进行下次循环

　　D．终止程序运行

分析：注意循环体中 break 语句和 continue 语句的用法及其区别。答案选 A。

8．以下程序的运行结果是_____。

```c
main()
{ char *pc="#Fujian##Province#";
 while( *pc )
 { while( *pc == '#' )  pc++;
  if( *pc=='\0' ) break;
  printf("%c", *pc);
  pc++;
 }
 printf("\n");
}
```

　　A．FujianProvince   B．Fujian　Province

　　C．#Fujian##Province#   D．####

分析：while(*pc == '#') pc++;使得 pc 指向非'#'字符，即跳过输出'#'。答案选 A。

9．以下程序的运行结果是_____。

```c
#include<stdio.h>
fun( int *i )
{ static int a=1;
 *i += a++;
}
main()
{ int k=0;
 fun(&k);
 fun(&k);
 printf("%d\n",k);
}
```

　　A．0   B．1   C．2   D．3

分析：本题考查静态局部变量的使用特点和指针参数的使用。这些已经在前面的模拟题中分析过。答案选 D。

10．以下语句中，指针 s 所指字符串的长度为_____。

```
char *s="\\Hello\tWorld\n";
```

A. 16　　　　　　　B. 15　　　　　　　C. 14　　　　　　　D. 13

分析：注意转义字符的使用。答案选 D。

11. 以下程序的运行结果是_____。

```
main()
{ int a=12, b;
  b = 0x1f5 & a << 3;
  printf("%d,%d\n", a, b);
}
```

A. 12,96　　　　　　B. 12,32　　　　　　C. 96,96　　　　　　D. 32,32

分析：运算符<<优先于运算符&，即表达式 0x1f5 & a << 3 等价于 0x1f5 & (a << 3)，答案选 A。

12. 若有以下定义，则正确的赋值语句为_____。

```
struct complex
{ float real;
  float image;
};
struct value
{ int no;
  struct complex com;
}val1;
```

A. com.real=1;　　　　　　　　　B. val1.complex.real=1;

C. val1.com.real=1;　　　　　　　D. val1.real=1;

分析：使用结构变量是通过引用它的成员实现的。结构体成员又可以为一个结构体类型。答案选 C。

13. 以下程序的运行结果是_____。

```
main()
{ enum color{ red, green=4, blue, white=blue+10 };
  printf("%d  %d  %d\n", red, blue, white);
}
```

A. 1 4 14　　　　　　B. 0 5 15　　　　　　C. 0 3 13　　　　　　D. 0 5 6

分析：答案选 B。

14. #include "文件名"寻找被包含文件的方式为_____。

　　A. 直接按系统设定的方式搜索目录

　　B. 仅搜索源程序所在目录

　　C. 先搜索源程序所在目录，再按系统设定的方式搜索目录

　　D. 仅搜索当前目录

分析：本题考查#include<文件名>与#include"文件名"之间的区别。答案选 C。

15. 已知 TEST.C 的源程序如下：

```
main( int argc, char *argv[] )
{ while(argc>1) printf("%s ", argv[--argc]);
  printf("\n");
}
```

将该文件编译后，在命令行输入 test abc 123，则该程序运行结果为_____。

    A.　abc 123 　　　　　　　　　　　　B.　123 abc

    C.　test.exe abc 123 　　　　　　　　D.　123 abc test.exe

分析：本题考查命令行参数的使用。答案选 B。

16. 若有语句组 typedef int AR[5]; AR a;，则以下叙述正确的是_____。

    A.　a 是一个新类型名 　　　　　　　B.　a 是一个整型变量

    C.　a 是一个整型数组 　　　　　　　D.　AR 是一个变量名

分析：前面已经分析了类似的题目。答案选 C。

17. 以下与库函数 strcpy(char *s1, const char *s2)功能不相等的函数是_____。

    A.　funa(char *s1, const char *s2)
```
    { while( *s1++ = *s2++);
     }
```

    B.　funb(char *s1, const char *s2)
```
    { while( *s2 )  *s1++ = *s2++;
     }
```

    C.　func(char *s1, const char *s2)
```
    { while( *s1 = *s2)
      { s1++;
       s2++;
      }
     }
```

    D.　fund(char *s1, const char *s2)
```
    { while( (*s1++ = *s2++) != '\0');
     }
```

分析：B 中并没有复制 s2 串中的结束符'\0'。答案选 B。

18. 以下程序的运行结果是_____。

```
main()
{ struct stype
  { int i;
   struct stype *next;
  } a[]={ { 1 }, { 3 }, { 5 }, { 7 } }, *p = a;
  int j;
  for(j=1; j<4; j++, p++) p->next = &a[j];
  printf("%d,", a[0].next->i);
  printf("%d,", ++(*a[1].next).i);
  printf("%d\n", a[2].i);
}
```

  A．3,6,6   B．1,3,5   C．3,5,7   D．1,4,5

分析：执行循环语句 for(j=1; j<4; j++, p++) p->next = &a[j];，将各个数组元素构成的结点串成一个单链表：

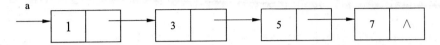

答案选 A。

19．以下程序的运行结果是_____。

```
main()
{ char *str[]={"AA", "BB", "CC"};
  str[1]=str[2];
  printf("%s,%s,%s\n", *str, str[1], *(str+2) );
}
```

  A．AA,BB,CC   B．AA,BB,BB   C．AA,CC,CC   D．A,B,C

分析：str 是一个指针数组，*str 即为 str[0]；str[1]=str[2];使得 str[1]（指针）指向了串 "CC"。答案选 C。

20．要求函数的功能是在一维数组 a 中查找 x 的值，被查找的数据放在数组的 a[1]到 a[n]的 n 个元素中；若找到则把该元素的下标存入 a[0]，若未找到则 a[0]的值为 0。下面函数中不能正确实现此功能的是_____。

A．
```
void funa(int a[],int n,int x)
{ int *p=a+n;
  a[0] = x ;
  while( *p != x ) p--;
  a[0] = p-a;
}
```

B．
```
void funb(int a[],int n,int x)
{ int *p=a+n;
  while( p > a )
   if( *p == x ) break;
  a[0] = p-a;
}
```

C．
```
void func(int *a, int n, int x)
{
  *a = x;
  while( a[n] != x ) n--;
  a[0] = n;
}
```

D．
```
void fund(int *a,int n,int x)
{ int k;
  for(k=1; k<=n; k++)
   if( a[k] == x ) break;
  a[0] = k>n ? 0 : k;
}
```

分析：B 中先执行 p=a+n;，然后做查找比较 if(*p == x)，但比较后 p 值没有改变，当匹配的元素不是最后一个数据元素时，无法实现查找的功能。答案选 B。

二、改错题（每小题 10 分，共 20 分）

说明：

（1）修改程序在每对"/**/"之间存在的错误。

（2）不得删改程序中所有的"/**/"注释和其他代码。

1．下面程序的功能是：从键盘上输入 10 个自然数，然后将它们存入数组 a 中。统计数组 a 中所有素数的和，其中函数 isprime()用来判断自变量是否为素数。

```c
#include<stdio.h>
main()
{int i,a[10],*p=a,sum=0;
 printf("input 10 positive integers:\n");
 for(i=0;i<10;i++) scanf("%d",&a[i]);
 for (i=0;i<10;i++)
  /**/ if(isprime(*p)==1) /**/
      {printf("%d",*(a+i));
       sum+=*(a+i);
       }
 printf("\nThe sum=%d\n",sum);
 }
isprime(int x)
{int i=2;
for(;i<=x/2;i++)
   /**/ if(x/i==0) return(0); /**/
 return(1);
}
```

分析：根据题目要求，第一处应该对各个元素进行逐个检查，第二处应该判断 x 能否被 i 整除。所以，要修改程序代码为：

`/**/  if(isprime(*p)==1) /**/`　改为　`/**/  if(isprime(*(p+i))==1) /**/`
`/**/ if(x/i==0) return(0); /**/`　改为　`/**/ if(x%i==0) return(0); /**/`

2. 下面程序的功能是：删除一维整型数组 a 中的下标为 d 的那个数组元素。程序中先后调用了 getindex()、arrout() 和 arrdel() 这 3 个自定义函数，其中函数 arrout() 用来输出数组中的全部元素，函数 arrdel() 进行所要求的删除运算，而函数 getindex() 则用来输入被删数组元素所在的下标值，如果输入的下标越界，还会被要求重新输入，直到输入正确为止。例如，删除前数组 a 有 10 个元素，分别是 {21, 22, 23, 24, 25, 26, 27, 28, 29, 30}，此时如果输入的被删下标值为 5，则删除后的结果就是 {21, 22, 23, 24, 25, 27, 28, 29, 30}。

```c
#include<stdio.h>
#define NUM 10
void arrout(/**/ int w /**/,int m)
{int k;
for (k=0;k<m;k++) printf("%4d",w[k]);
 printf("\n");
}
arrdel(int *w,int n,int k)
{int i;
 for(i=k;i<n-1;i++) /**/ w[i+1]=w[i] /**/;
 n--;
 return n;
}
```

```
getindex(int n)
{int i;
 do
   { printf("\nEnter the index [0<=i<=%d]:",n-1);
     scanf("%d",&i);
   }while (i<0||i>n-1);
 return i;
}
void main()
{int n,d,a[NUM]={ 21,22,23,24,25,26,27,28,29,30};
 clrscr();
 n=NUM;
 printf("\n\Noutput primary data:\n\n");
 arrout(a,n);
 d=getindex(n);
 n=arrdel(a,n,d);
 printf("\n\Noutput the data after delete:\n\n");
 arrout(a,n);
}
```

分析：第一处函数的第一个参数应该为数组名（指针）；第二处需要参与移动的元素是待删除之后的元素开始至末元素。修改代码如下：

```
/**/ int w /**/      改为    /**/ int w[] 或 int * w /**/
/**/ w[i+1]=w[i] /**/      改为    /**/ w[i]=w[i+1] /**/
```

三、填空题（每小题 6 分，共 18 分）

说明：

（1）在每对"/**/"之间的空白处补充程序，以完成题目的要求。

（2）不得删改程序中所有的"/**/"注释和其他代码。

1. 补充下面的程序，该程序的功能是显示如下图形。

```
1 0 0 0 0
2 1 0 0 0
3 2 1 0 0
4 3 2 1 0
5 4 3 2 1
```

```
main()
{    int a[5][5], i, j;
     for(i=0; i<5; i++)
     { for( j=0; j<5; j++ )
        { if(/**/    /**/ ) a[i][j]=0;
          else a[i][j] = /**/       /**/;
           printf("%3d", a[i][j]);
```

```
        }
        printf("\n");
    }
}
```

分析：第一处应实现对"上三角"（不含对角线）部分元素置 0 值。其余元素 a[i][j]的值为 i+1-j。补充代码如下：

```
/**/  i<j   /**/
/**/  i+1-j   /**/
```

2．补充下面的程序，该程序输入学生姓名，查询其学习成绩。查询可连续进行，直到输入 0 时结束。

```
#include<stdio.h>
#include<string.h>
struct student
  { int no;                /* 学号 */
   char name[8];        /*  姓名 */
   int score;           /* 学习成绩 */
   };
 /**/    /**/ stu[]={ {10,"Tom",90}, {11,"Jerry",80}, {12,"Harold",70} };
 main()
{ char str[10];
  int i;
  do
   { printf("Enter a name:");
     scanf( "%s", str );
     for(i=0; i<3; i++)
    if (/**/    /**/ )
       { printf("No    :%d\n", stu[i].no);
        printf("Name  :%8s\n", /**/    /**/ );
        printf("Score :%d\n", stu[i].score);
        break;
       }
    if (i >= 3 ) printf("Not Found\n");
    }while ( strcmp(str,"0") != 0 );
   }
```

分析：第一处实现结构体数组的定义和初始化；第二处实现对输入名字的学生查找；第三处实现输出该学生的姓名。补充代码如下：

```
/**/  struct student  /**/
/**/    strcmp(str,stu[i].name)==0 或者 !strcmp(stu[i].name,str)   /**/
 /**/  stu[i].name  /**/
```

3．补充下面的程序，其中 dtoh(int d, char s[])函数将十进制正整数 d 转换成十六进制数，并将转换后的结果以字符串的形式保存在字符数组 s 中。

```c
#include "stdio.h"
void convert( char s[] )        /* 将字符串 s 逆序存放 */
{ int i, j, t;
   for( i=0, j=strlen(s)-1; i<j; i++, /**/     /**/)
   {  t = s[i];
      s[i] = s[j];
      s[j] = t;
   }
}
void dtoh( int d, char s[] )
{ int i, k;
  i = 0;
  do
  { k = d % /**/    /**/;
    if( k < 10 ) s[i] = '0' + k;
    else s[i] = 'a' + k - 10;
    i++;
    d /= 16;
  }while( d );
  s[i]= /**/    /**/;
  convert( s ) ;
}
main()
{ char s[100];
  dtoh( 18976, s);
  printf("%s\n", s);
}
```

分析：第一处实现字符串首尾字符的两两交换；第二处实现求除以 16 的每个余数；第三处实现将得到的各字符组合成一个字符串。补充代码如下：

```
/**/  j--   /**/
/**/  16   /**/
/**/  '\0'    /**/
```

四、编程题（每小题 11 分，共 11 分）

说明：

（1）在一对 "/**/" 之间编写程序，以完成题目的要求。

（2）不得删改程序中所有的 "/**/" 注释和其他代码。

1. 完成下面的程序，该程序的功能是：从键盘上输入一个正数 N 表示月份，要求显示与之对应的第 N 个月的英文单词，其中 N 的值介于 1 到 12 之间。例如，如果输入 8，则显示 "august"；若输入的 N 值有错误，则显示 "illegal month" 的提示信息。

```c
#include<stdio.h>
```

```
char *month_name(int n)
{ /**/



/**/ }
main()
{int n;
 printf("Please input n: ");
 scanf("%d",&n);
 printf("\nMonth NO.%d means %s\n",n, month_name(n));
}
```

分析：参考程序代码如下：

```
/**/
   char *name[]={"illegal month","January","February","March",
               "April","May","June","July","august","September",
               "October","November","December"};
   return (n<1||n>12)?name[0]:name[n];
   /**/
```

2. 完成下面的程序，该程序从键盘上输入一个数字字符串，将该串转换为一个整数后输出，其中程序中数字字符串转换为整数的操作是由用户自定义函数 long fun(char *p) 来完成的，不得调用 C 语言提供的将数字字符串转换为整数的库函数来完成。请写出完整的 C 语言程序。

例如，若输入的字符串为"–1234"，则函数 fun() 把它转换为整数值–1234。

```
#include<stdio.h>
 long fun(char *p)
  {/**/



  /**/ }
main()
 { char s[10];
   long n;
   clrscr();
   printf("Enter a string:\n");
   gets(s);
   n=fun(s);
   printf("%ld\n",n);
}
```

分析：每次读取数字字符串中的每一个字符*p，将其转换为对应的数字。算法：s=s*10+*p-'0', s 为相邻的上次的转换结果。参考代码如下：

```
/**/
```

```
    long s=0;              /* 转换后的整数结果 */
    int flag=1;            /* 符号位 */
    if((*p)=='-') {p++;flag=-1;}
      else if((*p)=='+') p++;
    while(*p)
      s=s*10-48+(*p++);
    return s*flag;
/**/
```

13.6　模拟试卷 6 及解析

一、单项选择题（20 小题，每题 1.5 分，共 30 分）

1. 以下不属于 C 语言关键字的是_____。

　　A．case　　　　　　B．byte　　　　　　C．enum　　　　　　D．sizeof

分析：答案选 B。

2. 以下不正确的转义字符是_____。

　　A．'\\'　　　　　　B．'0101'　　　　　　C．'\n'　　　　　　D．'\x1f'

分析：转义字符都以'\'开始。答案选 B。

3. 判断 char 类型的变量 c1 是否为数字字符的正确表达式为_____。

　　A．(c1>=0) && (c1<=9)　　　　　　B．(c1>='0') && (c1<='9')

　　C．'0' <= c1 <= '9'　　　　　　　　　　D．(c1>='0')||(c1<='9')

分析：数字字符包括'0'~'9'，注意不能选 C。答案选 B。

4. 以下 4 个运算符，按优先级由高到低的顺序排列是_____。

　　A．!、/、=、==　　　　　　　　　　　B．/、!、==、=

　　C．/、=、==、!　　　　　　　　　　　D．!、/、==、=

分析：逻辑运算符"=="优先级高于赋值运算符'='，逻辑运算符'!'高于算术运算符'/'。答案选 D。

5. 以下各语句或语句组中，不正确的操作是_____。

　　A．char s[]="abcde";　　　　　　　　B．char *s; gets(s);

　　C．char *s; s="abcde";　　　　　　　D．char s[300]; scanf("%s", s);

分析：B 中，指针变量 s 没有值（无所指），不能使用它。答案选 B。

6. 以下程序的运行结果是_____。

```
main()
{ int i, v1 = 0, v2 = 0, v3 = 0;
  for( i=5; i<15; i++)
  { switch( i%3 )
    { case 1 : v1++;
      case 2 : v2++; break;
      default : v3++;
```

```
    }
  }
  printf("%d,%d,%d\n", v1, v2, v3);
}
```

    A. 3,7,3   B. 3,4,3   C. 1,4,6   D. 3,10,7

分析：注意 switch 语句中，case 子句中有没有 break 语句的区别。答案选 A。

7. 执行语句 for(i=10;i>0;i--); 后，变量 i 的值为_____。

    A. 10   B. 9   C. 0   D. 1

分析：答案选 C。

8. 以下对 C 语言函数的描述中，不正确的是_____。

    A. C 语言中，函数可以嵌套定义   B. C 语言中，函数可以递归调用

    C. C 语言中，函数可以不返回值   D. C 语言程序由函数组成

分析：函数不可以嵌套定义，但可以嵌套调用。递归调用是嵌套调用的特殊形式。答案选 A。

9. 以下程序的运行结果是_____。

```
#include<stdio.h>
int a;
fun( int i )
{ a += 2*i;
  return a;
}
main()
{ int a=10;
  printf("%d,%d\n", fun(a), a);
}
```

    A. 10,10   B. 20,10   C. 30,10   D. 30,30

分析：main 函数中的变量 a 是局部变量，fun 函数和 main 函数之外定义的变量 a 是全局变量，在没有提供初始化时，其初始值自动设置为 0，它为两个函数所共享。主函数调用 fun(10) 得到的结果为 20，输出的 a 为局部变量的 a 值。当局部变量名与全局变量相同时，在函数内引用的是局部变量（局部屏蔽全部）。答案选 B。

10. 运行下列程序，当输入字符序列 AB$CDE 并按回车键时，程序的输出结果为_____。

```
#include<stdio.h>
void rev()
{ char c;
  c=getchar();
  if (c=='$') printf("%c",c);
  else
  {
    rev();
    printf("%c",c);
```

```
      }
    }
  main()
  {
    rev();
  }
```

　　A．AB\$CDE　　　　B．\$CDE　　　　C．\$ABCDE　　　　D．\$BA

分析：这是一个调用递归函数的程序。函数 rev() 为一递归函数，实现将输入字符串中字符'\$'之前的字符串逆置。答案选 D。

11．下列程序段的输出为_____。

```
int **pp, *p, a=20, b=30;
pp=&p; p=&a; p=&b;
printf("%d,%d\n", *p, **pp );
```

　　A．20,30　　　　　B．20,20　　　　　C．30,20　　　　　D．30,30

分析：指针 pp 指向 p，指针 p 先指向 a，再指向 b。答案选 D。

12．以下程序的运行结果是_____。

```
main()
{ union u_type
  { int i;
    char ch[6];
    long s;
  };
  struct st_type
  { union u_type u;
    float score[3];
  };
  printf("%d\n", sizeof(struct st_type));
}
```

　　A．24　　　　　　B．12　　　　　　C．2　　　　　　D．18

分析：这类题我们在前面的模拟试题中已经分析过了。答案选 D。

13．以下程序的运行结果是_____。

```
#define MAX(x, y)  (x)>(y)?(x):(y)
main()
{ int a=1, b=2, c=3, d=2, t;
  t=10*(MAX(a+b, c+d));
  printf("%d\n",t);
}
```

　　A．50　　　　　　B．30　　　　　　C．5　　　　　　D．3

分析：这种类似的试题也在前面做过分析。答案选 A。

14. 以下程序的运行结果是_____。

```
main()
{ int i,j;
  for(i=1; i<=2; i++)
  { for(j=2*i-1; j>0; j--)
      if( j%2) printf("*");
      else break;
    printf("#");
  }
  printf("$\n");
}
```

  A. *#*#$ B. *#*#*#$ C. $ D. **#$

分析：答案选 A。

15. 以下程序的运行结果是_____。

```
main()
{ int a=1, b=3, c;
  c = (a += ++b, b += a);
  printf("%d,%d,%d\n", a, b, c);
}
```

  A. 4,5,6   B. 4,5,5   C. 5,9,9   D. 5,9,5

分析：计算表达式 a += ++b 使得 a 值为 5，b 值为 4；计算 b += a 使得 b 值为 9；计算 c = (a += ++b, b += a) 使得 c 值为 9。答案选 C。

16. 已有定义语句 int *p;，以下能动态分配一个整型存储单元，并把该单元的首地址正确赋值给指针变量 p 的语句是_____。

  A. *p=(int*)malloc(sizeof(int));   B. p=(int*)malloc(sizeof(int));

  C. p=*malloc(sizeof(int));   D. free(p);

分析：答案选 B。

17. 以下程序的运行结果是_____。

```
#include<stdio.h>
f(int b[],int n)
{ int i,t;
  t=0;
  for(i=1;i<=n;i++) t=t+b[i];
  return t;
}
main()
{ int x,a[]={1,2,3,4,5};
  x=f(a,3);
  printf("%d\n",x);
}
```

　　A．10　　　　　　B．6　　　　　　C．9　　　　　　D．15

分析：函数 f 计算数组 b 中的 b[1]~b[n]元素之和。答案选 C。

18．如果要以只读方式打开一个文本文件，应使用的打开方式是_____。

　　A．r+　　　　　　B．w　　　　　　C．r　　　　　　D．rb

分析：答案选 C。

19．以下函数 utoh(n)将无符号十进制整数 n 转换成十六进制数并输出，选择正确答案完成函数功能。

```
utoh(unsigned n)
{ int h;
  char ch;
  h = n % 16;
  ch = h<=9 ? h+'0' : h+'A'-10;
  if(n/16 > 0) utoh( ____ );
  printf("%c", ch);
}
```

　　A．n/16　　　　　B．ch　　　　　C．n　　　　　D．n%16

分析：采用递归函数 utoh(n)将 n 转化为对应的十六进制并输出。根据进制转换的"除以 16 取余"的算法，答案选 A。

20．已定义下面的结构体，指针变量 p、q 定义如下：

```
struct node
{ int data;
  struct node *next;
} *p, *q;
```

　　若已经建立了如下图所示的单向链表，指针变量 p、q 分别指向图中所示的结点，则不能将 q 所指的结点插入到链表末尾仍组成单向链表的一组语句是_____。

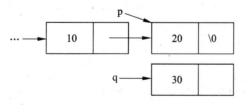

　　A．(*p).next=q;　　　　　　　　B．q->next=p->next;
　　　　(*q).next=NULL;　　　　　　　　p->next=q;
　　C．q->next=NULL;　　　　　　　　D．p->next=q;
　　　　p->next=q;　　　　　　　　　　q->next=p->next;

分析：选项 D 中的第二条语句不能实现指定功能。答案选 D。

二、改错题（每小题 10 分，共 20 分）

说明：

（1）修改程序在每对"/**/"之间存在的错误。

（2）不得删改程序中所有的"/**/"注释和其他代码。

1. 下面程序的功能是：从字符串数组 str1 中取得 ASCII 码值为偶数且下标为偶数的字符依次存放到字符串 t 中。

例如，若 str1 所指的字符串为 4AZ18c?Ge9a0z!，则 t 所指的字符串为 4Z8z。

注意：数组下标从 0 开始。

```c
#include<math.h>
#include<stdio.h>
#include<string.h>
void main()
{ char str1[100], t[200];
  int i, j;
 /**/ i = 0; /**/
  strcpy(str1, "4AZ18c?Ge9a0z!");
  for (i = 0; i<strlen(str1); i++)
  {
  /**/ if((str1[i]%2==0) && (i%2!=0)) /**/
     {
        t[j] = str1[i];
        j++;
     }
  }
   t[j] = '\0';
  printf("\n Original string: %s\n", str1);
  printf("\n  Result string: %s\n", t);
}
```

分析：逐个检查 str1 中的各个字符，将满足条件的逐个加入字符数组 t 的各个元素 t[j] 中，所以开始应该对 j 值初始化为 0；第二处的 if 语句中的逻辑表达式有逻辑错误。修改如下：

```
/**/  i=0;  /**/      改为    /**/  j=0;  /**/
/**/  if((str1[i]%2==0)&&(i%2!=0))  /**/  改为
/**/   if((str1[i]%2==0)&&(i%2==0))  /**/
```

2. 下面程序中函数 fun(int n)的功能是：根据参数 n，计算大于 10 的最小 n 个能被 3 整除的正整数的倒数之和。例如：

$$\text{fun}(8) = \frac{1}{12} + \frac{1}{15} + \frac{1}{18} + \frac{1}{21} + \cdots + \frac{1}{33} = 0.396$$

```c
#include<stdio.h>
#define M 50
double fun(int n)
{ double y = 0.0;
  int i,j;
  j=0;
```

```
for(i=1;;i++)
{
/**/ if((i<10)&&(i%3==0)) /**/
   {
   /**/ y+=1/i; /**/
      j++;
   }
   if(j==n) break;
}
return y;
}
void main()
{
printf("fun(8) = %8.3lf\n", fun(8));
}
```

分析：第一处发生逻辑错误；第二处的表达式 1/i 为两整数相除，结果仍为整数，达不到所要的结果。代码应修改如下：

```
/**/ if((i<10)&&(i%3==0)) /**/    改为    /**/ if((i>10)&&(i%3==0)) /**/
/**/ y+=1/i; /**/          改为       /**/ y+=1.0/i; /**/
```

三、填空题（共 3 小题，每小题 6 分，共 18 分）

说明：

（1）在每对"/**/"之间的空白处补充程序，以完成题目的要求。

（2）不得删改程序中所有的"/**/"注释和其他代码。

1. 补充下面的程序，使其计算 $f(x)=\dfrac{|x|-2}{x^2+1}$ 。

```
#include<stdio.h>
#include<math.h>
void main()
{
  int x;
  /**/            /**/
  printf("Input an integer: ");
  scanf("%d",&x);
  f = /**/           /**/ ;
  printf("F(x)=%f\n",f);
}
```

分析：第一处应补上对存储结果的变量 f 的定义；第二处调用数学函数求表达式的值。填写代码如下：

```
/**/   double f;   /**/
/**/   1.0*(abs(x)-2) / (x*x +1) 或 (fabs(x)-2) / (x*x +1)   /**/
```

2. 补充下面的程序，该程序用公式 $\pi \approx 4 \times \left(1 - \dfrac{1}{3} + \dfrac{1}{5} - \dfrac{1}{7} + \cdots + \dfrac{1}{10001}\right)$ 计算圆周率的近似值。

```c
#include<stdio.h>
void main()
{ double pi=0;
  long i, sign=1;
  for(i=1;i<=10001;i+=2)
  {
    pi+=1.0*sign/i;
    sign=/**/        /**/;
  }
  pi*=/**/        /**/;
  printf("%f\n",pi);
}
```

分析：sign 控制每加项的符号，所以第一处应填写 sign 值在相邻两次累加中的符号变化；第二处求 π 值。补充代码如下：

```c
/**/    (-1)*sign    /**/
/**/    4    /**/
```

3. 补充下面的程序，该程序实现从 10 个数中找出最大值和最小值。

```c
#include<stdio.h>
int max,min;
void find_max_min(int *p,int n)
{
  int *q;
  max=min=*p;
  for(q=p; q</**/        /**/; q++)
    if(/**/        /**/ ) max=*q;
    else if(min>*q) min=*q;
}
void main()
{
  int i,num[10];
  printf("Input 10 numbers: ");
  for(i=0;i<10;i++) scanf("%d",&num[i]);
  find_max_min(/**/        /**/,10);
  printf("max=%d,num=%d\n",max,min);
}
```

分析：采用"擂台法"，找数组中的最大和最小元素值。先假定最大元素和最小元素都是首元素，然后通过 q 指向其他各个待比较的数组元素进行比较。补充代码如下：

```
/**/    p+n      /**/
/**/    max<*q      /**/
/**/    num    /**/
```

四、编程题（每小题 11 分，共 22 分）

说明：

（1）在一对"/**/"之间编写程序，以完成题目的要求。

（2）不得删改程序中所有的"/**/"注释和其他代码。

1. 完成下面程序中的函数 fun1，该函数的数学表达式如下：

$$fun1(x) = \frac{1+\sin x + e^x}{1+x}$$

例如：

fun1(0.76)=2.175

fun1(3.00)=5.307

fun1(3.76)=9.111

```c
#include<math.h>
#include<stdio.h>
double fun1(double x)
{ /**/


  /**/
}
void main()
{
  clrscr();
  printf("fun1(0.76) = %8.3lf\n", fun1(0.76));
  printf("fun1(3.00) = %8.3lf\n", fun1(3.00));
  printf("fun1(3.76) = %8.3lf\n", fun1(3.76));
}
```

分析：可以写出函数实现体代码如下：

```c
/**/
double y;
y = (1+sin(x)+exp(x)) / (1+x );
return y;
/**/
```

2. 完成下面程序中的函数 fun2(int a[ ], int n, int b[ ], int c[ ])，实现：

（1）将数组 a 中大于−20 的元素依次存放到数组 b 中。

（2）将数组 b 中的元素按照从小到大的顺序存放到数组 c 中。

（3）函数返回数组 b 中的元素个数。

```
#include<string.h>
#include<math.h>
#include<stdio.h>
int fun2(int a[],int n,int b[],int c[])
{
  /**/



  /**/
}
void main()
{ int n = 10, i, nb;
  int aa[10] = {12, -10, -31, -18, -15, 50, 17, 15, -20, 20};
  int bb[10], cc[10];
  printf("There are %2d elements in aa.\n", n);
  printf("They are: ");
  for(i=0; i<n; i++) printf("%6d", aa[i]);
  printf("\n");
  nb = fun2(aa, n, bb, cc);
  printf("Elements in bb are: ");
  for (i=0; i<nb; i++) printf("%6d", bb[i]);
  printf("\n");
  printf("Elements in cc are: ");
  for(i=0; i<nb; i++) printf("%6d", cc[i]);
  printf("\n");
  printf("There are %2d elements in bb.\n", nb);
}
```

分析：可以写出函数 fun2 的实现体代码如下：

```
/**/
int nb=0,i,j,t,min;
for(i=0;i<n;i++)
   if(a[i]>-20) b[nb++] = a[i];
 for(i=0;i<nb;i++)  c[i]=b[i];
for(i=0;i<nb-1;i++)
{   min=i;
    for(j = i;j<nb;j++)
        if(c[min]>c[j])  min = j;
    if(min!=i)
    {  t = c[min];
      c[min] = c[i];
      c[i] = t;
    }
}
return nb;
/**/
```

第 14 章

自测试卷及参考答案

14.1 自测试卷 1 及参考答案

一、选择题（50 分，每小题 2 分）

1. 以下选项中可作为 C 语言合法常量的是_____。
   - A. −80.
   - B. −080
   - C. −8e1.0
   - D. −80.0e

2. 以下叙述中正确的是_____。
   - A. 用 C 语言编写的程序必须要有输入和输出操作
   - B. 用 C 语言编写的程序可以没有输出但必须要有输入
   - C. 用 C 语言编写的程序可以没有输入但必须要有输出
   - D. 用 C 语言编写的程序可以既没有输入也没有输出

3. 以下不能定义为用户标识符的是_____。
   - A. Main
   - B. _0
   - C. _int
   - D. sizeof

4. 数字字符 0 的 ASCII 值为 48，若有以下程序

```
main()
{
 char a='1',b='2';
 printf("%c,",b++);
 printf("%d\n",b-a);
}
```

程序运行后的输出结果是_____。
   - A. 3,2
   - B. 50,2
   - C. 2,2
   - D. 2,50

5. 有以下程序

```
main()
{
  int m=12,n=34;
  printf("%d%d",m++,++n);
  printf("%d%d\n",n++,++m);
}
```

程序运行后的输出结果是_____。

    A. 12353514   B. 12353513   C. 12343514   D. 12343513

6. 有以下语句 int b;char c[10];，则正确的输入语句是_____。

    A. scanf("%d%s",&b,&c);   B. scanf("%d%s",&b,c);

    C. scanf("%d%s",b,c);   D. scanf("%d%s",b,&c);

7. 有以下程序

```
main()
{
    int m,n,p;
    scanf("m=%dn=%dp=%d",&m,&n,&p); printf("%d%d%d\n",m,n,p);
}
```

若想从键盘上输入数据，使变量 m 中的值为 123，n 中的值为 456，p 中的值为 789，则正确的输入是_____。

    A. m=123n=456p=789   B. m=123 n=456 p=789

    C. m=123,n=456,p=789   D. 123 456 789

8. 有以下程序

```
main()
{
int a,b,d=25;  a=d/10%9;b=a&&(-1);  printf("%d,%d\n",a,b);  }
```

程序运行后的输出结果是_____。

    A. 6,1   B. 2,1   C. 6,0   D. 2,0

9. 有以下程序

```
main()
{
    int i=1,j=2,k=3;
    if(i++==1&&(++j==3||k++==3))
    printf("%d %d %d\n",i,j,k);
}
```

程序运行后的输出结果是_____。

    A. 1 2 3   B. 2 3 4   C. 2 2 3   D. 2 3 3

10. 有以下程序

```
main()
    {
    int p[8]={11,12,13,14,15,16,17,18},i=0,j=0;
    while(i++<7)
        if(p[i]%2)  j+=p[i];
    printf("%d\n",j);
}
```

程序运行后的输出结果是_____。

  A．42   B．45   C．56   D．60

11．有以下程序

```
main()
{
 char a[7]="a0\0a0\0"; int i,j;
 i=sizeof(a); j=strlen(a);
 printf("%d %d\n",i,j);
}
```

程序运行后的输出结果是_____。

  A．2 2   B．7 6   C．7 2   D．6 2

12．以下能正确定义一维数组的选项是_____。

  A．int a[5]={0,1,2,3,4,5};   B．char a[]={0,1,2,3,4,5};

  C．char a={'A','B','C'};   D．int a[5]="0123";

13．有以下程序

```
int f1(int x,int y){return x>y?x:y;}
int f2(int x,int y){return x>y?y:x;}
main()
{
 int a=4,b=3,c=5,d=2,e,f,g;
 e=f2(f1(a,b),f1(c,d)); f=f1(f2(a,b),f2(c,d));
 g=a+b+c+d-e-f;
 printf("%d,%d,%d\n",e,f,g);
}
```

程序运行后的输出结果是_____。

  A．4,3,7   B．3,4,7   C．5,2,7   D．2,5,7

14．已有定义 char a[]="xyz",b[]={'x','y','z'};，以下叙述中正确的是_____。

  A．数组 a 和 b 的长度相同   B．a 数组长度小于 b 数组长度

  C．a 数组长度大于 b 数组长度   D．上述说法都不对

15．有以下程序

```
void f(int *x,int *y)
{ int t; t=*x;*x=*y;*y=t; }
main()
{
 int a[8]={1,2,3,4,5,6,7,8},i,*p,*q;
 p=a;q=&a[7];
 while(p<q){ f(p,q);p++;q--;}
 for(i=0;i<8;i++) printf("%d,",a[i]); }
```

程序运行后的输出结果是_____。

    A. 8,2,3,4,5,6,7,1,　　B. 5,6,7,8,1,2,3,4,　　C. 1,2,3,4,5,6,7,8,　　D. 8,7,6,5,4,3,2,1,

16. 有以下程序

```c
main()
{
 int a[3][3],*p,i;  p=&a[0][0];
 for(i=0;i<9;i++) p[i]=i;
 for(i=0;i<3;i++)  printf("%d",a[1][i]);
}
```

程序运行后的输出结果是_____。

    A. 0 1 2　　　　　B. 1 2 3　　　　　C. 2 3 4　　　　　D. 3 4 5

17. 以下叙述中错误的是_____。

    A. 对于 double 类型数组，不可以直接用数组名对数组进行整体输入或输出

    B. 数组名代表的是数组所占存储区的首地址，其值不可改变

    C. 在编译源程序过程中，若数组元素的下标超出所定义的下标范围时，编译系统将给出"下标越界"的出错信息

    D. 可以通过赋初值的方式确定数组元素的个数

18. 有以下程序

```c
#define N 20
fun(int a[],int n,int m)  {
  int i,j;
  for(i=m;i>=n;i--) a[i+1]=a[i];
}
main()  {
  int i,a[N]={1,2,3,4,5,6,7,8,9,10};
  fun(a,2,9);
  for(i=0;i<5;i++) printf("%d",a[i]);
}
```

程序运行后的输出结果是_____。

    A. 10234　　　　B. 12344　　　　　C. 12334　　　　　D. 12234

19. 以下与函数 fseek(fp,0L,SEEK_SET)有相同作用的是_____。

    A. feof(fp)　　　　B. ftell(fp)　　　　C. fgetc(fp)　　　　D. rewind(fp)

20. 有以下程序

```c
#define P 3
main()  {
 printf("%d\n",F(3+5));
 void F(int x){ return(P*x*x); }
}
```

程序运行后的输出结果是_____。

    A. 192　　　　　　B. 29　　　　　　C. 25　　　　　　　D. 编译出错

21．有以下程序

```
main(){
int c=35;
printf("%d\n",c&c);
}
```

程序运行后的输出结果是_____。

A．0　　　　　　　B．70　　　　　　　C．35　　　　　　　D．1

22．以下叙述中正确的是_____。

A．预处理命令行必须位于源文件的开头

B．在源文件的一行上可以有多条预处理命令

C．宏名必须用大写字母表示

D．宏替换不占用程序的运行时间

23．若有以下说明和定义

```
union dt {
int a;
char b;
double c;
}data;
```

以下叙述中错误的是_____。

A．data 的每个成员起始地址都相同

B．变量 data 所占的内存字节数与成员 c 所占字节数相等

C．程序段 data.a=5;printf("%f\n",data.c);输出结果为 5.000000

D．data 可以作为函数的实参

24．以下语句或语句组中，能正确进行字符串赋值的是_____。

A．char *sp;*sp="right!";　　　　　B．char s[10];s="right!";

C．char s[10];*s="right!";　　　　　D．char *sp="right!";

25．设有如下说明

```
typedef struct ST {
long a;int b;char c[2];
}NEW;
```

则下面叙述中正确的是_____。

A．以上的说明形式非法　　　　　　B．ST 是一个结构体类型

C．NEW 是一个结构体类型　　　　　D．NEW 是一个结构体变量

二、填空题（30 分，第 1～3 小题，每空 2 分，第 4 小题 6 分）

1．以下程序输入两个字符串，通过调用函数 fun()比较它们的大小并将比较结果输出，请在划线处填空，完成程序的功能。

_____(1)_____

```
main()
{
char s1[80], (2) ;
scanf("%s",s1);
scanf("%s",s2);
if(fun(s1,s2)>0)  printf("%s>%s",s1,s2);
if(fun(s1,s2)<0)  printf("%s<%s",s1,s2);
else printf("%s=%s",s1,s2);
getch();
}
int fun(char *a,char *b)
{
while( (*a!='\0')&&(*b!='\0')&&( (3) ) )
{ a++; b++; }
 (4)
}
```

2. 下面的程序按以下形式输出数组 num 的右上半三角元素，请填空完成程序。

```
1   2   3   4
    6   7   8
       11  12
           16
```

```
main()
{
 int num[4][4]={{1,2,3,4},{5,6,7,8},{9,10,11,12},{13,14,15,16}},i,j;
 for(i=0;i<4;i++){
     for(j=0; (1) ;j++) printf("%4d",' ');
     for( (2) ;j<4;j++)  printf("%4d",num[i][j]);
      (3)
     }
     getch();
}
```

3. 以下程序中函数 huiwen 的功能是检查一个字符串是否是回文，当字符串是回文时，函数返回字符串 yes!，否则函数返回字符串 no!，并在主函数中输出。所谓回文即正向与反向的拼写都一样，例如 adgda。请填空。

```
char *huiwen(char *str)
{
  char *p1,*p2;int i,t=0;
 (1) ; p2=str+(strlen(str)-1);
  for(i=0; (2) ;i++)
     if(*p1++!=*p2--){t=1; (3) ;}
  if(!t) return("yes!");
```

```
else    return("no!");
}
   main()
   {
   char str[50];
   printf("Input:");
   scanf("%s",  (4)  );
   printf("%s\n",  (5)  );
   getch();
}
```

4. 给出以下程序的运行结果。

```
struct NODE
{
 int k;
 struct NODE *link;
};
main()
{
 struct NODE m[5],*p=m,*q=m+4;
 int i=0;
 while(p!=q){
   p->k=++i;p++;
   q->k=i++;q--;
  }
q->k=i;
for(i=0;i<5;i++) printf("%d",m[i].k);
printf("\n");
getch();
}
```

三、编程题（20 分）
（在每题的一对 "/**/" 之间的空白处补充函数体，以完成题目的要求。）

1. 在主程序中提示输入整数 n，编写函数 sum( )用递归的方法求 1+2+…+n 的值。（8 分）

```
#include<stdio.h>
int sum(int);
void main()
{
  int n;
  printf("Please input n:");  scanf("%d",&n);
   printf("The result is:%d\n", sum(n) );
}
int sum(int n)
{
```

```
/**/


/**/
}
```

2. 下面程序中，函数 fun() 的功能是求 3 行 4 列数组每行元素中的最大值，并将每行的最大值存储在数组 bar 中。请完成函数 fun()。（12 分）

```
void fun(int,int(*)[4],int *);
void main()
{
 int k;
 int a[3][4]={{-1,2,3,4},{5,6,-7,8},{9,10,11,-12}};
 int b[3]={0};
 fun(3,a,b);
 for(k=0;k<3;k++)
   printf("The max of line%d is %d\n",k+1,b[k]);
 getch();
}
void fun(int m,int a[][4],int *bar)
{
  /**/


  /**/
}
```

参 考 答 案

一、选择题（50 分，每题 2 分）

1．A   2．D   3．D   4．C   5．A   6．B   7．A   8．B   9．D
10．B 11．C 12．B 13．A 14．C 15．D 16．D 17．C 18．C
19．D 20．D 21．C 22．D 23．C 24．D 25．C

二、填空题（30 分，第 1~3 小题，每空 2 分，第 4 小题 6 分）

1．（1）int fun(char*,char*); （2）char s2[80] （3）*a==*b （4）return(*a–*b);

2．（1）j<=i   （2）j=i   （3）printf("\n");

3．（1）p1=str   （2）i<=strlen(str)/2   （3）break   （4）str   （5）huiwen(str)

4．13431

三、编程题（20 分）

1．

```
int sum(int n)
{
 if(n==1)   return 1;
 else   return (n+sum(n-1));
}
```

2.

```
void fun(int m,int a[][4],int *bar)
{
  int i,j;
      for(i=0;i<m;i++) {
          bar[i]=a[i][0];
          for(j=1;j<4;j++)
             if(bar[i]<a[i][j])  bar[i]=a[i][j];
      }
}
void main()
{
int k;
int a[3][4]={{-1,2,3,4},{5,6,-7,8},{9,10,11,-12}};
int b[3]={0};
fun(3,a,b);
for(k=0;k<3;k++)
  printf("The max of line%d is %d\n",k+1,b[k]);
getch();
}
```

14.2　自测试卷 2 及参考答案

一、选择题（60 分，每题 2 分）

1. 在 C 语言中，语句以_____结尾。

　　A．回车　　　　　　　B．逗号　　　　　　　C．分号　　　　　　　D．句号

2. 一个 C 语言程序总是从_____开始执行的。

　　A．main 函数　　　　　　　　　　　　B．程序第一条 include 命令

　　C．排在前面的函数　　　　　　　　　 D．任意函数

3. 在 C 语言中，变量所分配的内存空间大小_____。

　　A．均为一个字节　　　　　　　　　　 B．由用户自己定义

　　C．由变量的类型决定　　　　　　　　 D．是任意的

4. 以下不正确的八进制或十六进制数是_____。

　　A．0x9a　　　　　　B．012　　　　　　　C．-0x3A　　　　　　D．090

5. 在 C 语言中，下列合法的变量名是_____。

　　A．ab2　　　　　　B．b.cat　　　　　　C．∏　　　　　　　　D．int

6. 现有下列格式的 scanf 语句 scanf("%d, %d", &x, &y);，则正确的输入是_____。

　　A．2　3　　　　　　B．2[回车]3　　　　　C．2,3　　　　　　　D．x=2,y=3

7. 已定义 x 为 float 型变量：x=213.82631;printf("%4.2f\n",x);，则以上程序_____。

    A．输出格式描述符的域宽不够，不能输出

    B．输出为 213.83

    C．输出为 213.82

    D．213.82631

8．若执行 printf("%d\n", strlen("a\n\\\x41"))语句，其输出结果是_____。

    A．7　　　　　　　　B．8　　　　　　　　C．4　　　　　　　　D．6

9．以下运算符中，优先级最高的运算符是_____。

    A．<=　　　　　　　B．~　　　　　　　C．!=　　　　　　　D．||

10．设有语句 int x; float y,z;，则下列合法的表达式是_____。

    A．x+y=z　　　　　B．x=int(x+y)　　　C．y%z　　　　　　D．x/y

11．设有语句 int x; char ch=1; double d;，则表达式 x=5，ch++，x+1 的值是_____。

    A．5　　　　　　　　B．1　　　　　　　　C．2　　　　　　　　D．6

12．表示关系 x≤y≤z 的 C 语言表达式为_____。

    A．（x<=y）&&(y<=z)　　　　　　　　　B．(x<=y)and(y<=z)

    C．(x<=y<=z)　　　　　　　　　　　　D．(x<=y)&(y<=z)

13．若有以下定义：

```
char a; int b;float c; double d;
```

则表达式 a*b+d–c 值的类型为_____。

    A．float　　　　　　B．int　　　　　　　C．char　　　　　　D．double

14．C 语言的程序结构包括_____。

    A．顺序结构、循环结构、分支结构

    B．循环结构、函数结构、分支结构

    C．对象结构、顺序结构、分支结构

    D．顺序结构、函数结构、对象结构

15．在 C 语言中，终止一个死循环的有效语句是_____。

    A．continue　　　　B．break　　　　　C．exit　　　　　　D．return

16．定义如下变量 int n=10;，则下列循环的输出结果是_____。

```
while(n>7)
{
  n--;
printf("%d\n",n);
}
```

    A．10　　　　　　　B．9　　　　　　　　C．10　　　　　　　D．9

       9　　　　　　　　　8　　　　　　　　　9　　　　　　　　　8

       8　　　　　　　　　7　　　　　　　　　8　　　　　　　　　7

       7　　　　　　　　　6

17．关于一维数组的定义和初始化，以下正确的是_____。

    A．int a[]={1,2,3,4,5};　　　　　　　　B．int a[4]={1,2,3,4,5};

C．int a[5]={};　　　　　　　　　　D．int n=5,a[n]={1,2,3,4,5};

18．设已定义 char a[20];，下面的赋值语句中正确的是_____。

　　A．a="hello"　　　　　　　　　　B．a[]="hello"

　　C．strcpy(a,"hello");　　　　　　　D．a[20]="hello"

19．在 C 语言程序中，数组名作为函数调用的实参时，传递给形参的是_____。

　　A．数组的首地址　　　　　　　　　B．数组的第一个元素值

　　C．数组中全部元素的值　　　　　　D．数组元素的个数

20．设有如下定义：

```
int arr[]={6,7,8,9,10};
int *ptr;
ptr=arr;
*(ptr+2)+=2;
printf("%d,%d\n",*ptr,*(ptr+2));
```

则下列程序段的输出结果为_____。

　　A．8,10　　　　　　B．6,8　　　　　　C．7,9　　　　　　D．6,10

21．若有以下定义和语句，则对 a 数组元素地址的正确引用是_____。

```
int a[2][3],(*p)[3];
p=a;
```

　　A．(p+1)+2　　　B．p[1]+1　　　C．p[2]　　　　　D．*(p+2)

22．下列程序的输出结果是_____。

```
main()
{ char*p1,*p2,str[50]="xyz";
  p1="abcd";
  p2="ABCD";
  strcpy(str,strcat(p1,p2));
printf("%s",str);
}
```

　　A．abcd　　　　　B．ABCD　　　　C．abcdABCD　　D．xyz

23．设有说明语句 int *s[3];，则 s 表示_____。

　　A．指针数组　　　B．指针函数　　　C．函数指针　　D．数组指针

24．下列程序的输出结果是_____。

```
main()
{ int x;
   x=fun(4);
   printf("%d\n",x);
}
fun(int n)
{ int s;
  if(n==1)||(n==2) s=2;
```

```
  else  s=n+fun(n-1);
  return (s);
}
```

　　　A. 2　　　　　　　B. 9　　　　　　　C. 11　　　　　　D. 12

25. 运行下列程序，其结果是_____。

```
main()
{ int k=5;
 {int k=8;
  printf("%2d",k);
 }
  printf("%2d\n",k);
 }
```

　　　A. 5 5　　　　　　B. 8 5　　　　　　C. 8 8　　　　　D. 5 8

26. 下列程序执行后输出的结果是_____。

```
f(int a)
{ int b=0;static c=3;
 a=b+c++;
 return(a);
}
main()
{ int a=2,k;
 k=f(a);  k=f(a+1);
 printf("%d\n",k);
}
```

　　　A. 3　　　　　　　B. 0　　　　　　　C. 5　　　　　　　D. 4

27. 设有以下定义：

```
#define N 3
#define Y(n) ((N+1)*n)
```

则执行语句 z=2*(N+Y(5+1));后，z 的值为_____。

　　　A. 出错　　　　　B. 42　　　　　　　C. 48　　　　　　D. 54

28. 设有语句 enum days{sun, mon,tue=2,wed,thu,fri,sat};，则语句 printf("%d\n", wed); 的执行结果是_____。

　　　A. 0　　　　　　　B. 1　　　　　　　C. 3　　　　　　　D. wed

29. 设有以下说明和定义：

```
union DATE{
  long i; int k[5]; char c;};
struct date{
  int cat; union DATE cow; double dog;}too;
```

则下列语句的执行结果是_____。

    A．20   B．15   C．14   D．10

30．下面对 typedef 不正确的叙述是_____。

    A．用 typedef 可以定义各种类型名，但不能定义变量

    B．用 typedef 可以增加新类型

    C．用 typedef 只是将已存在的类型用一个新的标识符表示

    D．使用 typedef 有利于程序的通用和移植

二、填空题（20 分，每空 2 分）

1．补充下列程序，求 sum=1+1/2+1/4+…+1/50。

```
main()
{
 int i=2;float sum;
  (1);
while(i<=50)
{ sum+=  (2);
  i=i+2;
}
printf("sum=%f\n",sum);
}
```

2．输入 n(如 n=6)值，输出如图所示平行四边形。

```
     * * * * * *
    * * * * * *
   * * * * * *
  * * * * * *
 * * * * * *
* * * * * *
```

```
#include<stdio.h>
void main()
{
 int i,j,n;
 printf("\n 请输入 n:");
 (3)  ("%d",&n);
for(i=1;i<=n;i++)   /* i 控制行 */
{ for(j=1;j<= (4) ;j++)  printf(" ");      /* 输出空格 */
  for(j=1;j<=n;j++)  printf("*");          /* 输出*号 */
   (5)   /* 打印完一行后输出回车 */
 }
}
```

3．打印出 100～999 之间所有的"水仙花数"。所谓"水仙花数"是指一个 3 位数，其各位数字立方和等于该数本身。例如，153 是一个水仙花数，因为 153=1^3+5^3+3^3。

```
#include<stdio.h>
void main()
{   int i,j,k,n;
    printf("水仙花数是:");
    for(n=(6);n<1000;n++)
    {
    k=(7);
    j=(n%100)/10;
    i=n/100;
    if(n(8)i*i*i+j*j*j+k*k*k)  printf("%6d",n);
    }
    printf("\n");
    }
```

4. 编写程序，实现将命令行中指定的文本文件的内容追加到另一个文本文件的原内容之后。给出以下程序的运行结果。（6分）

```
#include<stdio.h>
void main()
{
  FILE *fp; char ch;
If((fp= (9) )==NULL)
  /* 本例采用追加写入的方式，即输入内容于文件末尾 */
    {printf("不能打开指定文件！\n");exit(0);}
 printf("\n 请输入一段文本内容，按 Ctrl+Z 键结束: \n");
 while((ch=getchar())!=-1)
      fputc(ch,fp);
(10)
}
```

三、编程题（20 分）

1. 输入两个整数，将它们交换存储后输出。

2. 请输入一个双精度实型数 x，然后根据以下分段函数计算双精度实数 y，并输出 y 值。

$$y= \begin{cases} |1.6x–1.56| & x<1 \\ (x+1)/(2x) & 1\leqslant x<3 \\ x^3 & x\geqslant3 \end{cases}$$

参 考 答 案

一、选择题（60 分，每题 2 分）

1. C　2. A　3. C　4. D　5. A　6. C　7. B　8. C　9. B

10. D　11. D　12. A　13. D　14. A　15. B　16. D　17. A　18. C

19. A　20. D　21. B　22. C　23. A　24. B　25. B　26. D　27. C

28. C　29. A　30. B

二、填空题（20 分，每空 2 分）

1.（1）sum=1.0; （2）1.0/i;   2.（3）scanf   （4）n–i   （5）printf("\n");

3.（6）100   （7）n%10   （8）==   4.（9）fopen("file.txt","a")   （10）fclose(fp);

三、编程题（20 分）

1.

```c
#include<stdio.h>
void main()
{
 int x,y,t;
 scanf("%d%d",&x, &y );
 t=x;x=y;y=t;
 printf("%d,%d \n",x,y);
}
```

2.

```c
#include"stdio.h"
#include<math.h>
main()
{ double x,y;
scanf("%lf",&x);
if(x<1) y=fabs(1.6*x-1.56);
else if(x<3) y=(x+1)/(2*x);
    else y=x*x*x;
printf("%lf\n",y);
}
```

14.3 自测试卷 3 及参考答案

一、选择题（60 分，每小题 2 分）

1. 以下叙述不正确的是_____。

   A．一个 C 源程序可由一个或多个函数组成

   B．一个 C 源程序必须包含一个 main 函数

   C．C 程序的基本组成单位是函数

   D．在 C 程序中，注释说明只能位于一条语句的后面

2. C 语言的下列运算符中，优先级最高的运算符是_____。

   A．|| B．+=   C．++   D．!=

3. 已知'A'的 ASCII 码的十进制值为 65，'0'的 ASCII 码的十进制值为 48，则以下程序运行结果是_____。

```c
#include<stdio.h>
void main(void){
```

```
    char ch1,ch2;
    ch1='A'+'5'-'3';
    ch2='A'+'6'-'3';
    printf("%d,%c\n",ch1,ch2);
}
```

     A. 67, D   B. C, D   C. C, 68   D. 67, 68

4．下列语句中，符合 C 语言语法的赋值语句是_____。

     A. a=7+b+c=a+7;   B. a=7+b++=a+7;

     C. a=7+b,b++,a+7;   D. a=7=b,c=a+7;

5．已知各变量的类型说明如下：int k,a,b; unsigned long w=5; double x=3.14;，则以下不符合 C 语言语法的表达式是_____。

     A. x%(–3)   B. w+= –2

     C. k=(a=2,b=3,a+b)   D. a+=a– =(b=4)*(a=3)

6．有以下程序，当输入 247<回车>，程序的输出结果是_____。

```
#include<stdio.h>
void main(void){
  int c;
  while((c=getchar())!= '\n') {
  switch(c-'2') {
    case 0 :
    case 1 : putchar(c+4);
    case 2 : putchar(c+4); break;
    case 3 : putchar(c+3);
    default: putchar(c+2); break;
  }
 }
 printf("\n");
}
```

     A. 689   B. 6689   C. 66778   D. 66887

7．以下程序运行后，a 的值是_____。

```
#include<stdio.h>
void main(void){
  int a,b;
  for(a=1,b=1;a<=100;a++)
  {
    if(b>=20) break;
    if(b%3==1) { b+=3; continue; }
    b-=5;
  }
}
```

     A. 101   B. 7   C. 8   D. 100

8. 以下程序段的运行结果是_____。

```
int x=3;
do{
  printf("%3d, ", x-=2 );
}while(!(--x));
```

    A. 1   B. 30   C. 死循环   D. 1, –2

9. 下列程序段中，非死循环的是_____。

    A.
```
int i=100;
while(1)
{   i=i%100+1;
    if(i>=100) break;
}
```

    B.
```
int k=0;
do{
  ++k;
}while(k>=0);
```

    C.
```
int s=10;
while(++s%2+s%2)  s++;
```

    D. `for(;;)`

10. 设已定义 char s[]="\"Name\\Address\023\n";，则字符串 s 所占的字节数是_____。

    A. 19   B. 14   C. 18   D. 15

11. 下面有关 for 循环的正确描述是_____。

    A. for 循环只能用于循环次数已经确定的情况

    B. for 循环是先执行循环体，后判断表达式

    C. 在 for 循环中，不能用 break 语句跳出循环体

    D. for 循环的循环体可以包含多条语句

12. 设有以下程序段

```
int x=0,s=0;
while(!x!=0)  s+=++x;
printf("%d",s);
```

则_____。

    A. 运行程序段后输出 0   B. 运行程序段后输出 1

    C. 程序段中的循环控制表达式是非法的   D. 程序段出现死循环

13. 设有下列语句：

```
char str1[]="string",str2[8],*str3,*str4="string";
```

则_____是对库函数 strcpy 的不正确调用。

    A. strcpy(str3,"HELLO3");   B. strcpy(str2,"HELLO2");

    C. strcpy(str1,"HELLO1");   D. strcpy(str4,"HELLO4");

14. 以下程序的运行结果是_____。

```
#include<stdio.h>
int fun3(int x)
{ static int a=3;
  a+=x;
  return a;
}
void main(void)
{ int k=2,m=1,n;
  n=fun3(k);
  n=fun3(m);
  printf("%d\n",n);
}
```

A. 3 B. 4 C. 6 D. 9

15. 以下程序的运行结果是_____。

```
#include<stdio.h>
void ast (int x,int y,int *cp,int *dp)
{
  *cp=x+y;  *dp=x-y;
}
void main(void)
{ int a=4,b=3,c,d;
  ast(a,b,&c,&d);
  printf("%d,%d\n",c,d);
}
```

A. 7,1 B. 1,7

C. 7,–1 D. c、d 未赋值，编译出错

16. 以下函数返回 a 数组中的最小元素所在的下标值，在下划线处应填入的是_____。

```
int (int *a,int n)
{
  int i,index=0;
  for(i=1;i<n;i++)
    if(a[i]<a[index])  _____;
  return index;
}
```

A. a[i]=a[index]   B. index=i   C. i=index   D. a[index]=a[i]

17. 若定义如下结构，则能打印出字母 M 的语句是_____。

```
struct person{
  char name[9];
  int age;
};
```

```
struct person class[10]={"Wujun",20,
                         "Liudan",23,
                         "Maling",21,
                         "zhangming",22};
```

    A．printf("%c\n",class[3].name);   B．printf("%c\n",class[3].name[1]);

    C．printf("%c\n",class[2].name[1]);   D．printf("%c\n",class[2].name[0]);

18．以下程序的输出结果是_____。

```
#include<stdio.h>
void main(void)
{
 printf( "%d\n", fac(5) );
}
int fac(int n)
{
  int s;
  if(n==1) return 1;
  else return n*fac(n-1);
}
```

    A．60   B．120   C．6   D．1

19．以下程序中的循环执行了_____次。

```
#include<stdio.h>
#define N 2
#define M N+1
#define NUM (M+1)*M/2
void main(void)
{
  int i,n=0;
  for(i=0;i<NUM;i++)  n++;
  printf("%d\n",n);
}
```

    A．5   B．6   C．8   D．9

20．以下程序的功能是_____。

```
#include<stdio.h>
void main(void)
{
FILE *fp;
  long int n;
  fp=fopen("wj.txt","rb");
  fseek(fp,0,SEEK_END);
  n=ftell(fp);
  fclose(fp);
```

```
    printf("%ld",n);
}
```

    A. 计算文件 wj.txt 的长度　　　　　　B. 计算文件 wj.txt 的终止地址

    C. 计算文件 wj.txt 的起始地址　　　　　D. 将文件指针定位到文件末尾

21. 已有如下数组定义和 f 函数调用语句，则在 f 函数的说明中，对形参数组 array 的正确定义方式为_____。

```
int a[3][4];
f(a);
```

    A. f(array[3][4])　　　B. f(int array[3][])　　　C. f(int array[][4])　　　D. f(int array[][])

22. 有以下结构体说明和变量的定义，且指针 p 指向变量 a，指针 q 指向变量 b，则不能把结点 b 连接在结点 a 之后的语句是_____。

```
  struct node{
    char data;
    struct node* next;
}a,b,*p=&a,*q=&b;
```

    A. a.next=q;　　　　B. p.next=&b;　　　　C. p–>next=&b;　　　　D. (*p).next=q;

23. 不合法的 main 函数命令行参数表示形式是_____。

    A. main(int argc,char *argv[])　　　　　　B. main(int a,char *b[])

    C. main(int argc,char *argv)　　　　　　D. main(int argc,char * *argv)

24. 函数 fgets(s, n, f)的功能是_____。

    A. 从文件 f 中读取长度为 n 的字符串存入指针 s 所指的内存

    B. 从文件 f 中读取长度不超过 n–1 的字符串存入指针 s 所指的内存

    C. 从文件 f 中读取 n 个字符串存入指针 s 所指的内存

    D. 从文件 f 中读取长度为 n–1 的字符串存入指针 s 所指的内存

25. 以下程序的可执行文件名是 file.exe。

```
#include<stdio.h>
void main(argc,argv)
{
 int argc,i;
 char *argv[];
 for(i=2;i<argc;i++)
    printf("%s%c",argv[i],(i<argc-1)?' ':'\n');
}
```

现在 DOS 命令行输入 file My C Language and Programming<回车>，其输出结果是_____。

    A. My C Language and Programming

    B. C Language and Programming

C. MyCLanguageandProgramming

D. file My C Language and Programming

26．以下程序的运行结果是_____。

```
#include<stdio.h>
#define M(x,y) x*y
void main(void)
{
  int a=3,b=2,s1,s2, f12(int,int);
  s1=M(a+b,a-b);
  s2=M(a-b,a+b);
  printf("%d,%d,%d,%d\n",s1,s2,f12(a+b,a-b),f12(a-b,a+b));
}
int f12(int x,int y)
{
  return(x*y);
}
```

A．7，–1,5,5 B．7，–1,7，–1 C．5,5,5,5 D．5,5,7，–1

27．以下程序运行后的输出结果是_____。

```
#define P 3
void F(int x){return(P*x*x);}
void main(void)
{
printf("%d\n",F(3+5));
}
```

A．192 B．29 C．25 D．编译出错

28．以下程序的输出结果是_____。

```
#include<stdio.h>
#define SUM(y) 1+y
void main(void)
{
  int x=2;
  printf("%d\n", SUM(5)*x );
}
```

A．10 B．11 C．12 D．15

29．以下程序运行后，输出的结果是_____。

```
#include<stdio.h>
void fun(char *w)
{
  char t, *s1, *s2;
  for(s1=w, s2=w+strlen(s1)-1; s1<s2; s1++, s2--)
```

```
    {
        t = *s1;
        *s1 = *s2;
        *s2 = t;
    }
}
void main(void)
{
    char *p="12345";
    fun(p);
    puts(p);
}
```

　　A. 54321　　　　　　B. 12345　　　　　C. 15115　　　　　D. 51551

30. 以下与函数 fseek(fp,0L,SEEK_SET)有相同作用的是_____。

　　A. feof(fp)　　　　　B. ftell(fp)　　　　　C. fgetc(fp)　　　　　D. rewind(fp)

二、填空题（18 分，每小题 6 分）

（在每题的一对"/**/"之间的空白处补充程序，以完成题目的要求。）

1. 补充程序，使其计算 $f(x)=\dfrac{|x|-2}{x^2+1}$。

```
#include<stdio.h>
#include<math.h>
void main(void)
{
int x;
/**/      (1)      /**/
printf("input an integer:");
scanf("%d",&x);
f=/**/      (2)      /**/;
printf("F(x)=%f\n",f);
}
```

2. 补充程序，使程序实现从 10 个数中找出最大值和最小值。

```
#include<stdio.h>
#include<stdlib.h>
int max,min;
void find_max_min( int *p, int n)
{
    int* q; max=min=*p;
    for(q=p; q</**/      (1)      /**/; q++)
        if( /**/      (2)      /**/ ) max=*q;
        else if(min>*q) min=*q;
}
void main(void)
{
```

```
    int  i, num[10];
    printf("Input 10 numbers:");
    for(i=0;i<10;i++)  scanf("%d", &num[i]);
    find_max_min(/**/    (3)    /**/,10);
    printf("max=%d,min=%d\n", max, min);
}
```

3. 以下程序中的函数 fun 返回实现 low~high 之间素数的个数，并输出各个素数。请补充代码完成该函数的功能。

```
#include<stdio.h>
#include<math.h>
int fun(int low,int high){
    int k,m,counter=0,flag;
    for(k=low;k<=high;k++){
        flag=1;
         for(m=2;m<=(int)(sqrt(k));m++)
            if(k%2==0){
                flag=0;  //不是素数
                /**/  (1)  /**/
            }
        if(/**/  (2)  /**/){
                printf("%-5d",k);
                counter++;
        }
    }
    return counter;
}
void main(void){
    int a=10,b=20;
    printf("counter=%d\n",fun(a,b));
}
```

三、编程题(22 分，每小题 11 分)

(在每题的一对"/* */"之间的空白处补充函数体，以完成题目的要求。)

1. 完成函数 fun(char *s)，统计输入字符串中空格的个数。

```
#include<stdio.h>
int fun(char* s)
{
/**/


/**/
}
void main(void)
{
```

```
char str[255];
gets(str);
printf("%d\n ",fun(str));
getch();
}
```

2．完成 fun()函数，使程序打印出 Fibonacci 数列的前 20 个数。

Fibonacci 数列：1, 1, 2, 3, 5, 8, 13, …

```
#include<stdio.h>
void fun(int a[],int m)
{
/**/

/**/
}
void main(void)
{
int a[20],i;
fun(a,20);
for(i=0;i<20;i++)
printf("%d ",a[i]);
printf("\n");
getch();
}
```

参 考 答 案

一、选择题（60 分，每题 2 分）

1. D	2. C	3. A	4. C	5. A	6. B	7. B	8. D	9. A	10. D
11. D	12. B	13. A	14. C	15. A	16. B	17. D	18. B	19. C	20. A
21. C	22. B	23. C	24. B	25. B	26. D	27. D	28. C	29. B	30. D

二、填空题（18 分，每小题 6 分）

1.

(1) /**/ double f; 或 float f;　/**/

(2) /**/　(abs(x)-2.0)/ (x*x+1.0)　/**/;

2.

(1) /**/　p+n　/**/

(2) /**/　max<*q　/**/

(3) /**/　num　/**/

3.

(1) /**/ break; /**/
(2) /**/ flag==1 /**/

三、编程题（22 分，每小题 11 分）

1.

```
int fun(char* s)
{
/**/
 int i=0,count=0;
 while(s[i]!='\0'){
    if(s[i]==' ') count++;
    i++;
    }
 return count;
/**/
}
```

2.

```
void fun(int a[],int m)
{
  /**/
  int k;
  a[0]=1;a[1]=1;
  for( k=3;k<=m;k++)
    a[k-1]=a[k-2]+a[k-3];
  /**/
}
```

14.4　自测试卷 4 及参考答案

一、选择题（60 分，每题 2 分）

1. 下列叙述中错误的是_____。
    A. 计算机不能直接执行用 C 语言编写的源程序
    B. C 程序经 C 编译程序编译后，生成后缀为.obj 的文件是一个二进制文件
    C. 后缀为.obj 的文件，经连接程序生成后缀为.exe 的文件是一个二进制文件
    D. 后缀为.obj 和.exe 的二进制文件都可以直接运行
2. 按照 C 语言规定的用户标识符命名规则，不能出现在标识符中的是_____。
    A. 大写字母　　　　B. 连接符　　　　C. 数字字符　　　　D. 下划线

3．以下叙述中错误的是_____。

    A．C 语言是一种结构化程序设计语言

    B．结构化程序由顺序、分支、循环 3 种基本结构组成

    C．使用 3 种基本结构构成的程序只能解决简单问题

    D．结构化程序设计提倡模块化的设计方法

4．对于一个正常运行的 C 程序，以下叙述中正确的是_____。

    A．程序的执行总是从 main 函数开始，在 main 函数结束

    B．程序的执行总是从程序的第一个函数开始，在 main 函数结束

    C．程序的执行总是从 main 函数开始，在程序的最后一个函数中结束

    D．程序的执行总是从程序的第一个函数开始，在程序的最后一个函数中结束

5．若有代数式 $\sqrt{x^n+e^x}$（其中 e 仅代表自然对数的底数，不是变量），则以下能够正确表示该代数式的 C 语言表达式是_____。

    A．sqrt(abs(n^x+e^x))

    B．sqrt(fabs(pow(n,x)+pow(x,e)))

    C．sqrt(fabs(pow(n,x)+exp(x)))

    D．sqrt(fabs(pow(x,n)+exp(x)))

6．设有定义 int k=0;，以下选项的 4 个表达式中与其他 3 个表达式的值不相同的是_____。

    A．k++   B．k+=1   C．++k   D．k+1

7．有以下程序，其中%u 表示按无符号整数输出。

```
#include<stdio.h>
void main(void)
{
    unsigned int x=0xFFFF;
    printf("%u\n",x);
}
```

程序运行后的输出结果是_____。

    A．–1   B．65535   C．32767   D．0xFFFF

8．设变量 x 和 y 均已正确定义并赋值，以下 if 语句中，在编译时将产生错误信息的是_____。

    A．if(x++);   B．if(x>y&&y!=0);

    C．if(x>y) x––   D．if(y<0) {;}   else y++;

9．以下选项中，当 x 为大于 1 的奇数时，值为 0 的表达式是_____。

    A．x%2==1   B．x/2   C．x%2!=0   D．x%2==0

10．以下叙述中正确的是_____。

    A．break 语句只能用于 switch 语句体中

    B．continue 语句的作用是：使程序的执行流程跳出包含它的所有循环

    C．break 语句只能用在循环体内和 switch 语句体内

D．在循环体内使用 break 语句和 continue 语句的作用相同

11．有以下程序

```c
#include<stdio.h>
void main(void)
{
int k=5,n=0;
do {
  switch(k){
      case 1:
      case 3: n+=1; break;
      default: n=0; k--;
      case 2:
      case 4: n+=2; k--; break;
      }
      printf("%d",n);
}while( k>0&&n<5);
}
```

程序运行后的输出结果是_____。

　　A．2345　　　　　　B．0235　　　　　　C．02356　　　　　　D．2356

12．有以下程序

```c
#include<stdio.h>
void main(void)
{
  int i,j;
  for(i=1;i<4;i++)
  {
  for(j=i;j<4;j++) printf("%d*%d=%d ",i,j,i*j);
  printf("\n");
  }
}
```

程序运行后的输出结果是_____。

　　A．1*1=1　　1*2=2　　1*3=3　　　　B．1*1=1　　1*2=2　　1*3=3
　　　　2*1=2　　2*2=4　　　　　　　　　　　2*2=4　　2*3=6
　　　　3*1=3　　　　　　　　　　　　　　　　3*3=9

　　C．1*1=1　　　　　　　　　　　　　　D．1*1=1
　　　　1*2=2　　2*2=4　　　　　　　　　　　2*1=2　　2*2=4
　　　　1*3=3　　2*3=6　　3*3=9　　　　　　　3*1=3　　3*2=6　　3*3=9

13．以下合法的字符型常量是_____。

　　A．"\x13"　　　　　　B．"\018"　　　　　　C．"65"　　　　　　D．"\n"

14．在 C 语言中，函数返回值的类型最终取决于_____。

　　A．函数定义时在函数首部所说明的函数类型

　　B．return 语句中表达式值的类型

　　C．调用函数时主函数所传递的实参类型

　　D．函数定义时形参的类型

15．已知大写字母 A 的 ASCII 码是 65，小写字母 a 的 ASCII 码是 97，以下不能将变量 c 中存储的大写字母转换为对应小写字母的语句是_____。

　　A．c=c–32　　　　B．c=c+32　　　　C．c=c–'A'+'a'　　　D．c=('A'+c) –'a'+1

16．有以下函数

```
int fun(char *s)
{
char *t=s;
while(*t++);
 return(t-s);
}
```

该函数的功能是_____。

　　A．比较两个字符的大小

　　B．计算 s 所指字符串占用内存字节的个数

　　C．计算 s 所指字符串的长度

　　D．将 s 所指字符串复制到字符串 t 中

17．设已有定义 float x;，则以下对指针变量 p 进行定义且赋初值的语句中正确的是_____。

　　A．float　 *p=1024;　　　　　　　B．int　 *p=(float x);

　　C．float　 p=&x;　　　　　　　　D．float *P=&x;

18．有以下程序

```
#include<stdio.h>
void main(void)
{
 int n,*p=NULL;
 *p=&n;
 printf("Input n:");
 scanf("%d",&p);  printf("output n:");  printf("%d\n",p);
}
```

该程序试图通过指针 p 为变量 n 读入数据并输出，但程序有多处错误，其中正确的语句是_____。

　　A．int n,*p=NULL;　　　　　　　B．*p=&n;

　　C．scanf("%d",&p)　　　　　　　D．printf("%d\n",p);

19．以下程序中函数 f 的功能是：当 flag 为 1 时，进行由小到大排序；当 flag 为 0 时，进行由大到小排序。

```
#include<stdio.h>
void f(int b[], int n,int flag)
```

```
{
int  i,j,t;
   for(i=0;i<n-1;i++)
      for (j=i+1;j<n;j++)
        if(flag?b[i]>b[j]:b[i]<b[j]){
           t=b[i];b[i]=b[j];b[j]=t;
        }
}
void main(void)
{
 int a[10]={5,4,3,2,1,6,7,8,9,10},i;
 f(&a[2],5,0);  f(a,5,1);
 for(i=0;i<10;i++)  printf("%d ",a[i]);
}
```

程序运行后的输出结果是_____。

  A. 1,2,3,4,5,6,7,8,9,10　　　　　　B. 3,4,5,6,7,2,1,8,9,10

  C. 5,4,3,2,1,6,7,8,9,10　　　　　　D. 10,9,8,7,6,5,4,3,2,1

20. 有以下程序

```
void f(int b[])
{
int i;
for(i=2;i<6;i++)  b[i]*=2;
}
void main(void)
{
int a[10]={1,2,3,4,5,6,7,8,9,10},i;
f(a);
for(i=0;i<10;i++) printf("%d,",a[i]);
}
```

程序运行后的输出结果是_____。

  A. 1,2,3,4,5,6,7,8,9,10,

  B. 1,2,6,8,10,12,7,8,9,10,

  C. 1,2,3,4,10,12,14,16,9,10,

  D. 1,2,6,8,10,12,14,16,9,10,

21. 有以下程序

```
#include<stdio.h>
typedef struct{int b, p;}A;
void f(A c)
{
 int j;  c.b+=1;  c.p+=2;
}
```

```
void main(void)
{
 int i;
 A  a={1,2};
 f(a);
 printf("%d,%d\n",a.b,a.p);
}
```

程序运行后的输出结果是_____。

    A. 2,3   B. 2,4   C. 1,4   D. 1,2

22. 有以下程序

```
#include<stdio.h>
void f(int  *q)
{
  int i=0;
  for(;i<5;i++)  (*q)++;
}
void main(void)
{
  int a[5]={1,2,3,4,5},i;
  f(a);
  for(i=0;i<5;i++) printf("%d,",a[i]);
}
```

程序运行后的输出结果是_____。

    A. 2,2,3,4,5,   B. 6,2,3,4,5,   C. 1,2,3,4,5,   D. 2,3,4,5,6,

23. 有以下程序

```
#include<string.h>
#include<stdio.h>
void main(void)
{
  char  p[20]={'a','b','c','d'},q[]="abc", r[]="abcde";
  strcpy(p+strlen(q),r);  strcat(p,q);
  printf("%d%d\n",sizeof(p),strlen(p));
}
```

程序运行后的输出结果是_____。

    A. 20 9   B. 9 9   C. 20 11   D. 11 11

24. 有以下程序

```
#include<string.h>
#include<stdio.h>
void main(void)
void f(char p[][10], int n )
{ char t[10];      int i,j;
```

```
    for(i=0; i<n-1; i++)
     for(j=i+1; j<n; j++)
      if(strcmp(p[i],p[j])>0){
strcpy(t,p[i]);  strcpy(p[i],p[j]);  strcpy(p[i],t);
}
}
void main(void)
{
  char p[5][10]={"abc","aabdfg","abbd","dcdbe","cd"};
  f(p,5);
  printf("%d\n", strlen(p[0]));
}
```

程序运行后的输出结果是＿＿＿＿。

　　A．2　　　　　　　　B．4　　　　　　　　C．6　　　　　　　　D．3

25．有以下程序

```
#include<stdio.h>
void main( int argc, char  *argv[] )
{
    int n=0,i;
    for(i=1; i<argc; i++)  n=n*10+*argv[i]-'0';
    printf("%d\n",n);
}
```

编译连接后生成可执行文件 tt.exe，若运行时输入以下命令行

```
tt 12 345 678
```

程序运行后的输出结果是＿＿＿＿。

　　A．12　　　　　　　B．12345　　　　　　C．12345678　　　　D．136

26．有以下程序

```
#include<stdio.h>
int a=4;
int f(int  n)
{
  int  t=0;  static int  a=5;
  if(n%2) { int  a=6; t+=a++; }
  else {int a=7; t+=a++;}
  return  t+a++;
}
void main(void)
{
  int  s=a,i=0;
  for(;i<2;i++)   s+=f(i);
  printf ("%d\n",s);
}
```

程序运行后的输出结果是_____。

  A. 24   B. 28   C. 32   D. 36

27．有一个名为 init.txt 的文件，内容如下：

```
#define   HDY(A,B)  A/B
# define   PRINT(Y)    printf("y=%d\n",Y)
```

有以下程序

```
#include  "init.txt"
void main(void)
{
 int  a=1,b=2,c=3,d=4,k;
 k=HDY(a+c, b+d);
 PRINT(k);
}
```

下面针对该程序的叙述正确的是_____。

  A. 编译有错   B. 运行出错

  C. 运行结果为 y=0   D. 运行结果为 y=6

28．有以下程序

```
struct S {int  n;  int  a[20];};
void  f(struct S  *P)
{
 int  i,j,t;
 for(i=0;i<n-1;i++)
 for(j=i+1;j<n;j++)
 if(p->a[i]>p->a[j]){ t=p->a[i]; p->a[i]=p->a[j]; p->a[j]=t; }
}
void main(void)
{
int i; struct  S  s={10,{2,3,1,6,8,7,5,4,10,9}};
f(&s);
for(i=0;i<s.n;i++)  printf("%d",s.a[i]);
}
```

程序运行后的输出结果是_____。

  A. 1,2,3,4,5,6,7,8,9,10   B. 10,9,8,7,6,5,4,3,2,1

  C. 2,3,1,6,8,7,5,4,10,9   D. 10,9,8,7,6,1,2,3,4,5

29．有以下程序

```
void main(void)
{
unsigned  char  a=2,b=4,c=5,d;
d=a|b;  d&=c; printf("%d\n",d);
}
```

程序运行后的输出结果是_____。

　　A. 3　　　　　　　　B. 4　　　　　　　　C. 5　　　　　　　　D. 6

30. 有以下程序

```
#include<stdio.h>
void main (void)
{
  FILE *fp;
  int i,a[6]={1,2,3,4,5,6};
  fp=fopen("d3.dat","w+b");
  fwrite(a,sizeof(int),6,fp);
  fseek(fp,sizeof(int)*3,SEEK_SET);
/*该语句使读文件的位置指针从文件头向后移动 3 个 int 型数据*/
  fread(a,sizeof(int),3,fp);        fclose(fp);
  for(i=0;i<6;i++)    printf("%d,",a[i]);
}
```

程序运行后的输出结果是_____。

　　A. 4,5,6,4,5,6,　　　B. 1,2,3,4,5,6,　　　C. 4,5,6,1,2,3,　　　D. 6,5,4,3,2,1,

二、填空题（16 分，每小题 8 分）

1. 以下程序的功能是：求出数组 x 中各相邻两个元素的和依次存放到 a 数组中，然后输出。请填空。

```
#include<stdio.h>
void main(void)
{
int x[10],a[9],i;
for (i=0;i<10;i++)  scanf("%d",  (1)  );
for(  (2)  ;i<10;i++)
a[i-1]=x[i]+  (3)   ;
for(i=0;i<9;i++)  printf("%d",a[i]);
printf("\n");
}
```

2. 以下程序的功能是：利用指针指向 3 个整型变量，并通过指针运算找出 3 个数中的最大值，输出到屏幕上。请填空。

```
#include<stdio.h>
void main(void)
{
int x,y,z,max,*px,*py,*pz,*pmax;
scanf("%d%d%d",&x,&y,&z);
px=&x;
py=&y;
pz=&z;
pmax=&max;
```

```
    (1)    ;
if(*pmax<*py) *pmax=*py;
if((2)) *pmax=*pz;
printf("max=%d\n", (3));
}
```

三、编程题（24 分，每小题 12 分）

（在每题的一对"/**/"之间的空白处补充函数体，以完成题目的要求。）

1. 完成其中的函数 fun2(int a[],int n,int b[],int c[])，实现：

将数组 a 中大于-20 的元素依次存放到数组 b 中，将数组 b 中的元素按照从小到大的顺序存放到数组 c 中，函数返回数组 b 中的元素个数。

```
#include<stdio.h>
int fun1(int a[],int n,int b[],int c[])
{ /**/ /**/}
void main(void)
{
  int n=10,i,nb;
  int aa[10]={12,-30,22,20,15,-39,11,23,-46,100};
  int bb[10],cc[10];

  printf("There are %2d elements in aa:\n",n);
  printf("\nThey are:");
  for(i=0;i<n;i++) printf("%6d",aa[i]);
  nb=fun2(aa,n,bb,cc);

  printf("\nThere are %2d elements in bb:\n",nb);
  printf("They are:\n");
  for(i=0;i<nb;i++) printf("%6d",bb[i]);

  printf("\n\nThere are %2d elements in cc:\n",nb);
  printf("They are:\n");
  for(i=0;i<nb;i++) printf("%6d",cc[i]);
}
```

2. 完成函数 fun(char *s)，统计输入字符串中空格的个数。

```
#include<stdio.h>
int fun2(char* s){   /**/ /**/}
void main()
{
char str[255];
gets(str);
printf("%d\n ",fun(str));
}
```

参 考 答 案

一、选择题（60 分，每题 2 分）

1. D 2. B 3. C 4. A 5. D 6. A 7. B 8. C 9. D 10. C
11. A 12. B 13. A 14. A 15. A D 16. B 17. D 18. A 19. B 20. B
21. D 22. B 23. C 24. C 25. D 26. B 27. D 28. A 29. B 30. A

二、填空题（16 分，每小题 8 分）

1. （1）&x[i]   （2）i=1   （3）x[i−1]
2. （1）*pmax=*px（或*pmax=x）   （2）*pmax<*pz 或 max<*pz   （3）max 或 *pmax

三、编程题（24 分，每小题 12 分）

1.
```
int fun1(int a[],int n,int b[],int c[])
{
int i,b_index=0,k,t;
for(i=0;i<n;i++)
  if(a[i]>-20){
    b[b_index]=a[i];
    b_index++;
    }
for(i=0;i<b_index;i++)
  c[i]=b[i];

for(i=1;i<b_index-1;i++)
    for( k=0;k<b_index-i;k++)
      if(c[k]>c[k+1]){t=c[k];c[k]=c[k+1];c[k+1]=t;}

 return b_index;
}
```

2.
```
int fun2(char* s)
{
 int i=0,count=0;
 while(s[i]!='\0'){
  if(s[i]==' ') count++;
  i++;
 }
 return count;
}
```

14.5 自测试卷 5 及参考答案

一、简答题（10 分，每小题 2 分）

1. 若有 int a=3,b=6; ，则表达式 (a++) , (− −b) 的值是多少？

2. 若有 int a; double d; char ch;，则表达式 a+ch+d 的类型是什么？

3. 若 double x;，则应如何使用 scanf 函数给变量 x 输入值？如何使用 printf 函数输出变量 x 的值？

4. 简述结构化程序设计的 3 种基本结构。

5. 简述 break 语句使用的场合。

二、阅读下列程序，写出运行结果（25 分，每小题 5 分）

1. 有以下程序

```
#include<stdio.h>
void main(void)
{
    unsigned int x=0xFFFF;
    printf("%u\n",x);
}
```

程序运行后的输出结果是什么？

2. 有以下程序

```
#include<stdio.h>
void main(void)
{
int k=5,n=0;
switch(k){
case 1:
case 3: n+=1; break;
default: n=0; k--;
case 2:
case 4: n+=2; k--; break;
}
printf("n=%d,k=%d\n",n,k);
}
```

程序运行后的输出结果是什么？

3. 有以下程序

```
#include<stdio.h>
void mian(void)
{
  int i,j;
```

```
    for(i=1;i<4;i++){
      for(j=i;j<4;j++) printf("%d*%d=%d ",i,j,i*j);
      printf("\n");
    }
}
```

程序运行后的输出结果是什么?

4. 有以下程序

```
#include<string.h>
#include<stdio.h>
void main(void)
void f(char p[][10], int n )
{
  char t[10];      int i,j;
  for(i=0; i<n-1; i++)
    for(j=i+1; j<n; j++)
      if(strcmp(p[i],p[j])>0){
          strcpy(t,p[i]);
          strcpy(p[i],p[j]);
          strcpy(p[i],t);
      }
}
void main(void)
{
    char p[5][10]={"abc","aabdfg","abbd","dcdbe","cd"};
    f(p,5);
    printf("%d\n", strlen(p[0]));
}
```

程序运行后的输出结果是什么?

5. 有以下程序

```
#include<string.h>
#include<stdio.h>
void main(void)
{
    char  p[20]="abcde",q[]="xyz", r[]="lmnopq";
    strcpy(p+1,r);  strcat(p,q);
    printf("%d,%d\n",sizeof(p),strlen(p));
}
```

程序运行后的输出结果是什么?

三、编程题（65 分）

1. （13 分）编写程序，计算 Fibonacci 数列 1, 1, 2, 3, 5, 8, 13, 21,…的前 20 项之和。

2. （12 分）随机输入 10 个正整数，统计其中素数的个数。所谓素数，指该数只能被 1 和它本身整除。

3. （12 分）用二维数组 data 存储随机输入的 20（4×5）个不重复整数，输出其中的最大整数及其输入的序号（序号可能值为 1, 2, 3,…, 20）。

4. （15 分）完成递归函数 void Output(int a[],int n){？}的定义，实现将数组 a 中的 n 个元素逆向输出。即输出 a[n-1], a[n-2], a[n-3], …, a[1], a[0]。

5. （13 分）完成函数 int fun(char *s){？}，函数返回字符串 s 中所含空格的个数。

参 考 答 案

一、简答题（10 分，每小题 2 分）

1. 5

2. double

3. scanf("%lf",&x);或 scanf("%le",&x);

printf("%f",x);或 printf("%lf",x);或 printf("%e",x);或 printf("%E",x);或 printf("%g",x);或 printf("%G",x);

4. 顺序、分支和循环

5. 可用于 switch 语句中的 case 子句中，也可以用于循环体中。

二、阅读下列程序，写出运行结果（25 分，每小题 5 分）

1. 结果：65535

2. 结果：n=2, k=3

3. 结果：

```
1*1=1  1*2=2  1*3=3
2*2=4  2*3=6
3*3=9
```

4. 结果：6

5. 结果：20, 10

三、编程题（65 分）

1.

```c
#include<stdio.h>
void main(void)
{
int a=1,b=1,c,i;
long s=2;
for(i=3;i<=20;i++){
  c=a+b;
  s+=c;
  a=b;b=c;
```

```
}
printf("s=%ld\n",s);
}
```

2.

```
#include<stdio.h>
void main(void)
{
int a[10],i,k,num=0;
for(i=0;i<10;i++)   scanf("%d",&a[i]);
for(i=0;i<10;i++){
   if(a[i]==1) { num++; continue;}
   for(k=2;k<a[i];k++)   if(a[i]%k==0) break;
   if(k==a[i]) num++;
 }//for
}//main
```

3.

```
#include<stdio.h>
void main(void)
{
  int a[4][5],i,j,max,row,col;
  for(i=0;i<4;i++)
    for(j=0;j<5;j++)
      scanf("%d",&a[i][j]);
  max=a[0][0];row=0;col=0;
  for(i=0;i<4;i++)
    for(j=0;j<5;j++)
       if{a[i][j]>max}{max=a[i][j];row=i;col=j;}
  printf("max=%d,order=%d\n",max,row*5+col+1);
}
```

4.

```
void Output(int a[],int n)
{
  if(n==1) printf("%d ",a[0]);
  else{
     printf("%d ",a[n-1]);
     Output(a,n-1);
  }
}
```

5.

```
int fun(char *s)
```

```
{
    int num=0;
    wile(*s!='\0') {
        if(*s==' ') num++;
        s++;
    }
    return num;
}
```

14.6　自测试卷 6 及参考答案

一、单项选择题（50 分，每小题 2 分）

1. 在一个可运行的 C 源程序中，_____。
    A. 可以有一个或多个主函数　　　　B. 必须有且仅有一个主函数
    C. 可以没有主函数　　　　　　　　D. 必须有主函数和其他函数

2. 以下定义语句中正确的是_____。
    A. char a='A' b='B';　　　　　　　B. float a=b=10.0;
    C. int a=10, *b=&a;　　　　　　　D. float *a, b=&a;

3. 以下选项中合法的字符常量是_____。
    A. "B"　　　　　　B. '\101'　　　　　　C. 65　　　　　　D. W

4. 若有定义 int m=4,n=5; float k;，则以下符合 C 语言语法的表达式是_____。
    A. m=(n==5)　　B. k=float(n)/m　　C. n%2.5　　D. (m+n)*=k

5. 若有定义 int x,y,z;，语句 x=(y=z=3,++y,z+=y); 运行后，x 的值为_____。
    A. 7　　　　　　B. 6　　　　　　C. 3　　　　　　D. 8

6. 以下程序段运行后 x 的值为_____。

```
int a=3,b=6,x;
x=(a==b)?a++:--b;
```

    A. 4　　　　　　B. 3　　　　　　C. 6　　　　　　D. 5

7. 若有定义 int a=3,b=4,c=5;，则表达式 !(a–b)||(c–b)的值为_____。
    A. 3　　　　　　B. 2　　　　　　C. 0　　　　　　D. 1

8. 若有定义 int a=3,b=5;，要实现输出形式为 3*5=15，正确的 printf()函数调用语句为_____。
    A. printf("a*b=%d\n",a*b);　　　　B. printf("a*b=a*b\n");
    C. printf("%d*%d=%d\n",a,b,a*b);　　D. printf("%d*%d=a*b\n",a,b);

9. 以下程序段的运行结果是_____。

```
int s=10;
switch(s/4){
    case 1: printf("A");
```

```
case 2: printf("B");
case 3: printf("C"); break;
default:  printf("D");
}
```

　　A．BC　　　　　　B．C　　　　　　　C．B　　　　　　　D．BCD

10．在下列数组定义、初始化或赋值语句中，正确的是_____。

　　A．int x[]={1,2,3,4,5,6};　　　　B．int x[5]={1,2,3,4,5,6};

　　C．int a[8]; a[8]=10;　　　　　　D．int n=8; int score[n];

11．以下程序段运行后，s 的值是_____。

```
int a[3][3]={1,2,3,1,2,3,1,2,3};
int i,j,s=0;
for(i=0;i<3;i++)
  for(j=0;j<=i;j++)
   s+=a[i][j];
printf("%d",s);
```

　　A．4　　　　　　B．6　　　　　　C．10　　　　　　D．14

12．若已有定义 int i; char c[8]="Good";，则下列语句中不正确的是_____。

　　A．puts(c);　　　　　　　　　　B．for(i=0;c[i]!='\0';i++) printf("%c",c[i]);

　　C．printf("%s",c);　　　　　　　D．for(i=0;c[i]!='\0';i++) putchar(c);

13．设已定义 char str1[20]="Hello "，str2[20]="World!";，若要形成字符串"Hello World!"，正确语句是_____。

　　A．strcpy (str2,str1)　　　　　　B．strcat(str1,str2)

　　C．strcpy (str1,str2)　　　　　　D．strcat(str2,str1)

14．以下程序的运行结果是_____。

```
#include<stdio.h>
void fun(void ){
    static int a=0;
    a++;
    printf("%d ",a);
}
void main(void){
    int i;
    for(i=1;i<=2;i++)   fun();
}
```

　　A．1 2　　　　　　B．0 0　　　　　C．1 1　　　　　　D．0 1

15．若已定义 int a[4]={0,1,2,3}, *p=a;，则以下_____不能表示数组元素 a[1]。

　　A．p[1]　　　　B．*(p+1)　　　C．*p+1　　　　　　D．*(a+1)

16．以下程序的输出结果是_____。

```
#include<stdio.h>
```

```
void main(void){
    int i;
    char *s="ABCD";
    for(i=0;i<3;i++)    printf("%s\n",s+i);
}
```

A.	B.	C.	D.
ABCD	AB	CD	ABCD
ABC	ABC	BCD	BCD
AB	ABCD	ABCD	CD

17. 若已定义 int a[][2]={1,2,3,4,5,6}, (*p)[2]; p=a;, 则*(*(p+1)+1)的值为_____。
    A. 6　　　　　　B. 3　　　　　　C. 4　　　　　　D. 5

18. 以下各语句或语句组中, 正确的是_____。
    A. char s[4]="abcde";　　　　　　B. char *s; gets(s);
    C. char *s; s="abcde";　　　　　　D. char s[5];scanf("%s",&s);

19. 若有定义 char *lan[]={"TC","VB","JAVA"};, 则 lan[1]的值是_____。
    A. 一个字符　　B. 一个地址　　C. 一个字符串　　D. 不确定

20. C 语言中, 数组名作为函数调用的实参时, 下面叙述正确的是_____。
    A. 传递给形参的是数组元素的个数
    B. 传递给形参的是数组中全部元素的值
    C. 传递给形参的是数组第一个元素的值
    D. 形参数组中各元素值的改变会使实参数组相应元素的值同时发生变化

21. 若有以下定义, 则下面叙述错误的是_____。

```
struct person{
    int num;
    char name[10];
}student;
```

    A. num、name 都是结构体变量 student 的成员
    B. student 是结构体类型名
    C. struct 是定义结构体类型的关键字
    D. struct person 是用户定义的结构体类型名

22. 若有以下定义, 则表达式 sizeof(s)的值是_____。

```
union U_type{
    int x;
    float y[2];
    char z;
}s;
```

    A. 11　　　　　　B. 8　　　　　　C. 12　　　　　　D. 10

23. 定义枚举类型的关键字是_____。
    A. enum　　　　B. define　　　　C. typedef　　　　D. include

24. 若有宏定义#define F 2+4，则表达式 F*F 的值为_____。

    A. 36   B. 12   C. 16   D. 14

25. C 语言中，对文件操作的一般步骤是_____。

    A. 打开文件，定义文件指针，读写文件，关闭文件

    B. 操作文件，定义文件指针，修改文件，关闭文件

    C. 定义文件指针，打开文件，读写文件，关闭文件

    D. 定义文件指针，读文件，写文件，关闭文件

二、填空题（26 分，每空 2 分）

1. 下面程序的功能是计算 n!。

```c
#include "stdio.h"
void main(void) {
    int i,n;
    long p;
    printf("Please input a integer:\n");
    scanf("%d",&n);
    p= （ 1 ）;
    for(i=2;i<=n;i++)        （ 2 ）;
    printf("n!=%ld",p);
}
```

2. 以下程序的功能是：从键盘上输入若干个学生的成绩，统计并输出最高成绩和最低成绩，当输入负数时结束输入，请填空。

```c
#include "stdio.h"
void main(void) {
    float x,max,min;
    scanf("%f",&x);
    max=x;   min=x;
    while(   （ 3 ）   ){
        if(x>max)   max=x;
        if(   （ 4 ）   )   min=x;
        （ 5 ） ;
    }
    printf("\nmax=%f\nmin=%f\n",max,min);
}
```

3. 以下定义的函数 fun 的功能是：将 p2 所指字符串复制到 p1 所指内存空间。

```c
#include "stdio.h"
void fun(   （ 6 ）   ,const char *p2){
    while((*p1=   （ 7 ）   )!='\0'){
        p1++;
        p2++;
    }
}
```

```
        }
```

4. 以下程序中的函数 reverse 的功能是将数组 a 中的 n 个元素进行倒置。下面程序的运行结果为：

```
0 1 2 3 4 5 6 7 8 9
9 8 7 6 5 4 3 2 1 0
#include<stdio.h>
void reverse(int a[], int n){
    int i,temp;
    for(i=0;  （ 8 ）  ;i++){
        temp=a[i];
         （ 9 ）  ;
        a[n-1-i]=temp;
    }
}
void main(void){
    int b[10]={0,1,2,3,4,5,6,7,8,9},i;
    for(i=0;i<10;i++)   printf("%-3d",b[i]);
    printf("\n");
    reverse(  （ 10 ）  ,10);
    for(i=0;i<10;i++)   printf("%-3d",b[i]);
}
```

5. 以下程序的功能是输出以下图形：

```
   A
  BBB
 CCCCC
DDDDDDD
```

```
#include<stdio.h>
#define ROW 4
void main(void){
    int i,j;
    char ch='A';
    for(  （ 11 ）  ; i<=ROW; i++)   {
        for(j=1; j<=ROW-i; j++)  printf(" ");
        for(j=1;  （ 12 ）  ; j++)   printf("%c",ch);
         （ 13 ）  ;
        printf("\n");
    }
}
```

三、编程题(24 分，第 1 题 10 分，第 2 题 14 分)
（在每题的一对"/**/"之间的空白处补充程序，以完成题目的要求。）

1. 完成以下程序中的函数 fun，该函数的数学表达式为：

$$y = \begin{cases} \sin x & (x \geqslant 10) \\ \sqrt{x} & (5 < x < 10) \\ |x| & (x \leqslant 5) \end{cases}$$

```c
#include "stdio.h"
#include <math.h>
double fun(float x){
/**/
/**/
}

void main(void){
printf("fun(20)=%.2f\n",fun(20));
printf("fun(9)=%.2f\n",fun(9));
printf("fun(9)=%.2f\n",fun(-20));
}
```

2. 完成下列程序中的函数 sort，函数 sort 的功能是对数组 a 中的后 5 个元素按由小到大的顺序进行排序，其他元素不变（设 n>5）。程序运行后的输出结果为：9　6　8　7　0　1　2　3　4　5

```c
#include<stdio.h>
#define SortNum 5   /* 需要排序的后 SortNum 个元素 */
void sort(int a[], int n){
/**/
/**/
}
void main(void){
int i, a[10]={9,6,8,7,0,3,1,2,5,4};
sort(a,10);
for(i=0;i<10;i++)   printf("%-3d",a[i]);
printf("\n");
}
```

参　考　答　案

一、选择题（50 分，每题 2 分）

1. B　2. C　3. B　4. A　5. A　6. D　7. D　8. C　9. A　10. A
11. C　12. D　13. B　14. A　15. C　16. D　17. C　18. C　19. B　20. D
21. B　22. B　23. A　24. D　25. C

二、填空题（26 分，每空 2 分）

1. （1）p=1　　　　　　　（2）p=p*i 或 p*=i
2. （3）x>=0　　　　　　（4）x<min　　　　　（5）scanf("%f",&x)
3. （6）char *p1　　　　　（7）*p2
4. （8）i<n/2　　　　　　（9）a[i]=a[n−1−i]　或*(a+i)=*(a+n−1−i)　　　（10）b

5.（11）i=1   （12）j<=2*i–1   （13）ch++ 或 ++ch

三、编程题(24 分，第 1 题 10 分，第 2 题 14 分)

1.

```
double fun(float x){
    double y;
     if(x>=10)        y=sin(x);
     else
       if(x>5 && x<10 ) y=sqrt(x);
       else        y=fabs(x);
    return y;
}
```

2.

```
void sort(int a[], int n){
    int i,j,temp;
    for(i=n-1; i>=n-SortNum; i--)
        for(j=i-1; j>=n-SortNum; j--)
            if(a[j]>a[i]){
                temp=a[i];
                a[i]=a[j];
                a[j]=temp;
            }
}
/* 采用其他排序算法实现也得分 */
```

14.7   自测试卷 7 及参考答案

一、选择题（50 分，每小题 2 分）

1. C 源程序经过编译、链接后，产生的可执行程序的扩展名为_____。
    A. .exe   B. .com   C. .obj   D. .dll
2. 以下非法的 C 语言常量是_____。
    A. 0xff   B. –80   C. –8.5e–2   D. 081
3. 以下非法的 C 标识符是_____。
    A. For   B. _123   C. INT   D. sizeof
4. 以下程序的输出结果为_____。

```
#include<stdio.h>
void main(void){
  char ch='1';
  printf("%d\n",++ch-'0');
}
```

25

A. 0　　　　　　　B. 2　　　　　　　C. 1　　　　　　　D. –1

5. 以下程序的输出结果为_____。

```
#include<stdio.h>
void main(void) {
  int m=10;
  printf("%d,",m--);
  printf("%d\n",--m+10);
}
```

A. 10,20　　　　　B. 9,19　　　　　C. 10,18　　　　　D. 9,18

6. 以下叙述中错误的是_____。

    A. break 语句只能用在循环体内和 switch 语句体内

    B. 数组名是一个指向数组首元素的指针

    C. 组成 C 程序的基本单位是函数

    D. sizeof 不是 C 的运算符

7. 以下程序的功能是_____。

```
#include<stdio.h>
#define N 5
void main(void){
    long result=0L;
    int i,k,m;
    for(i=1;i<=N;i++){
        m=1;
        for(k=1;k<=i;k++)  m*=k;
        result+=m;
    }
    printf("result=%ld\n",result);
}
```

    A. 计算 1!+2!+3!+…+N!　　　　　B. 计算 N!

    C. 计算 1+2+3+…+N　　　　　　　D. 以上都不对

8. 以下不合法的字符常量是_____。

    A. '\n'　　　　　B. '\\'　　　　　C. '\0101'　　　　　D. "a"

9. 运行以下程序的输出结果为_____。

```
#include<stdio.h>
int fun(char *s){
  int num=0;
  while(*s!='\0'){
    num++;
    s++;
  }
}
return num;
```

```
}
void main(void){
char* str="HuaqiaoUni.";
printf("%d\n",fun(str));
}
```

    A. 10   B. 11   C. 12   D. 13

10. 若包含预处理命令#include<string.h>，定义 char s[ ]="Huaqiao";，则表达式 sizeof(s) 和 strlen(s)的值分别为_____。

    A. 7,7   B. 7,8   C. 8,7   D. 8,8

11. 以下程序的运行结果为_____。

```
#include<stdio.h>
#include<string.h>
void main(void){
char* str="Huaqiao",s[20];
strcpy(s,str+3);
printf("%d\n",strlen(s));
}
```

    A. 3   B. 4   C. 7   D. 20

12. 以下语句错误的是_____。

    A. int a, *p=&a;   B. int a[10], *p=a+1;

    C. int a[2][3]; int *p=a[1];   D. int* p; *p=10;

13. 若有 int a[5]={1,2,3,4,5};，则表达式*(a+1)的值为_____。

    A. 2   B. 3   C. 4   D. 5

14. 若有 int a[2][3]={1,2,3,4,5,6};，则表达式*(*(a+1)+2)的值为_____。

    A. 3   B. 4   C. 5   D. 6

15. 若有定义 char a[]="xyz", b[]={'x','y','z'};，以下叙述中错误的是_____。

    A. 数组 a 存储的是一个字符串   B. 数组 b 存储的是一个字符串

    C. 数组 a 默认的长度为 4   D. 数组 b 默认的长度为 3

16. 以下程序的输出结果是_____。

```
void f(int *x,int *y) {
    int t; t=*x; *x=*y; *y=t;
}
void main(void) {
    int a[]={1,2,3,4,5,6,7,8},i,*p,*q;
    p=a; q=a+7;
    while(p<q) { f(p,q); p++; q--; }
    for(i=0;i<sizeof(a)/sizeof(int);i++) printf("%d,",a[i]);
}
```

    A. 8,2,3,4,5,6,7,1,   B. 5,6,7,8,1,2,3,4,

C. 1,2,3,4,5,6,7,8,   D. 8,7,6,5,4,3,2,1,

17. 以下程序，若输入值 3，则输出结果为_____。

```c
#include<stdio.h>
void main(void){
    int n=10,*p=&n;
    scanf("%d",p);
    (*p)++;
    printf("%d\n",n);
}
```

    A. 3   B. 10   C. 4   D. 11

18. 以下程序的输出结果为_____。

```c
#include<stdio.h>
#include<string.h>
struct student{
    int num;
    char name[20];
}s[3]={{111,"liuming"},{112,"sunlei"},{113,"yuhua"}};
void main(void){
    int k;
    s->num+=10;
    strcpy((s+2)->name,"huanghong");
    for(k=0;k<3;k++) printf("%-4d%s,",s[k].num,s[k].name);
}
```

    A. 111 liuming,112 sunlei,113 yuhua,   B. 121 liuming,112 sunlei,113 yuhua,

    C. 121 liuming,112 sunlei,113 huanghua,   D. 111 liuming,112 sunlei,113 huanghua,

19. 以下程序的运行结果是_____。

```c
#include<stdio.h>
void main(void)
{
  char ch[7] = "12xy89";
  int i, s=0;
  for(i=0; ch[i]; i++)
    if(ch[i]>='0' && ch[i]<='9') s=10*s + ch[i] - '0';
  printf("%d\n",s);
}
```

    A. 12   B. xy   C. 1289   D. 12xy89

20. 以下程序的输出结果是_____。

```c
#include<stdio.h>
void main(void)
```

```
{
  union example
  {
    struct
    {
      int x;
      int y;
    } in;
    int a[2];
  } e={ 0, 0 };
  e.a[0]=1; e.a[1]=2;
  printf("%d,%d\n",e.in.x,e.in.y);
}
```

    A. 2,1   B. 0,0   C. 0,1   D. 1,2

21. 以下与函数 fseek(fp,0L,SEEK_SET)有相同作用的是_____。

    A. feof(fp)   B. ftell(fp)   C. fgetc(fp)   D. rewind(fp)

22. 设有如下说明

```
typedef struct STUDENT {
  int num;
  char name[20];
  int score;
}STU;
STU s1;
```

则下面叙述中错误的是_____。

    A. STU 是结构类型名   B. sizeof(s1)的值与 sizeof(s1.name)相同

    C. struct STUDENT 是结构体类型名   D. s1 是结构类型的变量名

23. 下列函数的功能是_____。

```
int fun(char *s){
    int num=0;
    while(*s!='\0') {
      if(*s==' ') num++;
      s++;
    }
    return num;
}
```

    A. 计算字符串 s 中所含空格的个数   B. 计算字符串 s 的长度

    C. 统计字符串 s 中所含字母的个数   D. 统计字符串 s 中所含数字字符的个数

24. 下列函数的功能是_____。

```
int fun(int  n ){
    if(n==1)  return 1;
    else     return fun(n-1)+n;
```

}

A．计算 n!   B．计算 1+2+3+…+n
C．计算 1+2+3+…+n–1   D．计算(n–1)!

25．下列函数的功能是_____。

```c
void  fun(unsigned int n){
    if(n<10) printf("%d,",n);
    else {
      printf("%d,",n%10);
      fun(n/10);
    }
}
```

A．将组成数据 n 的各位输出（从低位到高位）
B．将组成数据 n 的各位输出（从高位到低位）
C．输出 n 除以 10 的余数
D．输出 n 除以 10 的商

二、程序填空题（16 分，每小题 8 分）

1．以下程序输入 10 个正整数，存储于数组 a 中，将其中能被 2 整除的正整数按序存储于数组 b 中，然后输出 b 中的数据。请填空完成程序。

```c
#include<stdio.h>
void main(void){
unsigned int a[10],b[10];
 (1)
printf("请输入 10 个正整数：\n");
for(k=0;k<10;k++) {
    scanf("%d",&a[k]);
    if(a[k]%2==0)  b[m++]=a[k];
}
for(k=0;k<= (2) ;k++)
    printf("%d,",b[k]);
}
```

2．以下程序实现对两个字符串的比较操作，并输出比较的结果，请填空补充程序。

```c
#include<stdio.h>
int strcmp1(const char* str1,const char* str2)
{
 while((*str1==*str2)&&(*str2!=0)){
    str1++;
    str2++;
 }
 return  /**/  (1)  /**/;
}
```

```
void main(void)
{
  char* ps1="uvwx",*ps2="uvwxyz";
  int com= /**/  (2)  /**/;
  if(com>0)  printf("%s>%s\n",ps1,ps2);
  if(com==0) printf("%s=%s\n",ps1,ps2);
  if(com<0)  printf("%s<%s\n",ps1,ps2);
}
```

三、编程题（34 分）

1．（12 分）汽车从 B 向 A 行驶，速度为 80km/h，摩托车从 A 向 C 行驶，BA 与 AC 夹角为 60 度，AB 距离为 200km，编程实现求经过几小时后，两者距离最小。

2．（10 分）将 1～256 范围内的所有十进制数转换为相应的二进制数，并以每行输出 5 个十进制数转换结果的格式输出。

3．（12 分）完成函数 int fun(char *s){ ? }，函数返回字符串 s 中各个数字字符所组成的数。如，char *s="a1bc2defg3h"，则函数返回值为整数 123。并设计程序测试之。

参 考 答 案

一、选择题（50 分，每小题 2 分）

1．A　2．D　3．D　4．B　5．C　6．D　7．A　8．D　9．B　10．C
11．B　12．D　13．A　14．D　15．B　16．D　17．C　18．C　19．C　20．D
21．D　22．B　23．A　24．B　25．A

二、程序填空题（16 分，每小题 8 分）

1．（1）int m=0,k;　　（2）m-1
2．（1）*str1-*str2　　（2）strcmp1(ps1, ps2)

三、编程题

1.

```
#include"stdio.hh"
#include"math.h"
void main(void)
{
double current_dis,current_t;
double minofdis=200,minoftime=0;

for(current_t=0.0;current_t<=200.0/80;current_t+=1.0/60){
  current_dis=sqrt(pow(200.0-80*current_t,2.0)+pow(60*current_t,2.0)
  -2*(200.0-80*current_t)*(60*current_t)*0.5 );
    if(current_dis<minofdis){
        minofdis=current_dis;
        minoftime=current_t;
```

```
    }
}
printf("the time for the minimum distance is %lfh\n",minoftime);
printf("the minimum distance is %lfkm\n",minofdis);
}
```

2.

```
#include"stdio.h"
void main(void)
{
int i,j,data,result[9]={0}; /*转换后的二进制数的最大位数是 9 位,即 256:100000000,
                                初始化结果值，设各位开始都为零。*/
for(i=1;i<=256;i++){ /* 遍历各十进制数 */
    data=i;     /* 保存要被转换的数至 data 中 */
    for(j=0;j<=8;j++){  /* 最多需要 9 次整除求余 */
        result[j]=data%2;
        data/=2;
        if(data==0) break; /* 商为 0 时则结束,不必再"整除求余"*/
    }
    printf("%d:",i);
    for(j=8;j>=0;j--)   /* 从高位到低位依次输出各位结果 */
        printf("%d",result[j]);
    if(i%5==0) printf("\n"); /* 每行输出 5 个十进制数的转换结果 */
    else printf(" "); /* 每行不同的转换结果间用空格分隔开 */
}
printf("\n");
}
```

（当然，还有其他解法。）

3.

```
#include<stdio.h>
#include<malloc.h>
int fun(char* s){
  int n=0;
  while(*s){
    if(*s>='0'&&*s<='9') n=n*10+*s-'0';
    s++;
  }
 return n;
}
void main(void){
   char *str=(char*)malloc(80);
   puts("Enter a string:");
   gets(str);
   printf("the data of the string is %d\n",fun(str));
}
```

附录A

全国计算机等级考试（二级C语言）考试大纲

◆ **基本要求**

1. 熟悉 Visual C++ 6.0 集成开发环境。

2. 掌握结构化程序设计的方法，具有良好的程序设计风格。

3. 掌握程序设计中简单的数据结构和算法并能阅读简单的程序。

4. 在 Visual C++ 6.0 集成环境下，能够编写简单的 C 程序，并具有基本的纠错和调试程序的能力。

◆ **考试内容**

一、C 语言程序的结构

1. 程序的构成，main 函数和其他函数。

2. 头文件，数据说明，函数的开始和结束标志以及程序中的注释。

3. 源程序的书写格式。

4. C 语言的风格。

二、数据类型及其运算

1. C 的数据类型（基本类型、构造类型、指针类型、无值类型）及其定义方法。

2. C 运算符的种类、运算优先级和结合性。

3. 不同类型数据间的转换与运算。

4. C 表达式类型（赋值表达式、算术表达式、关系表达式、逻辑表达式、条件表达式、逗号表达式）和求值规则。

三、基本语句

1. 表达式语句，空语句，复合语句。

2. 输入输出函数的调用，正确输入数据并正确设计输出格式。

四、选择结构程序设计

1. 用 if 语句实现选择结构。

2. 用 switch 语句实现多分支选择结构。

3. 选择结构的嵌套。

五、循环结构程序设计

1. for 循环结构。

2. while 和 do-while 循环结构。

3．continue 语句和 break 语句。

4．循环的嵌套。

六、数组的定义和引用

1．一维数组和二维数组的定义、初始化和数组元素的引用。

2．字符串与字符数组。

七、函数

1．库函数的正确调用。

2．函数的定义方法。

3．函数的类型和返回值。

4．形式参数与实在参数，参数值传递。

5．函数的正确调用，嵌套调用，递归调用。

6．局部变量和全局变量。

7．变量的存储类别（自动、静态、寄存器、外部），变量的作用域和生存期。

八、编译预处理

1．宏定义和调用（不带参数的宏、带参数的宏）。

2．"文件包含"处理。

九、指针

1．地址与指针变量的概念，地址运算符与间址运算符。

2．一维、二维数组和字符串的地址以及指向变量、数组、字符串、函数、结构体的指针变量的定义。通过指针引用以上各类型数据。

3．用指针作函数参数。

4．返回地址值的函数。

5．指针数组，指向指针的指针。

十、结构体（即"结构"）与共同体（即"联合"）

1．用 typedef 说明一个新类型。

2．结构体和共用体类型数据的定义和成员的引用。

3．通过结构体构成链表，单向链表的建立，结点数据的输出、删除与插入。

十一、位运算

1．位运算符的含义和使用。

2．简单的位运算。

十二、文件操作

只要求缓冲文件系统（即高级磁盘 I/O 系统），对非标准缓冲文件系统（即低级磁盘 I/O 系统）不要求。

1．文件类型指针（FILE 类型指针）。

2．文件的打开与关闭（fopen，fclose）。

3．文件的读写（fputc、fgetc、fputs、fgets、fread、fwrite、fprintf、fscanf 函数的应用），文件的定位（rewind、fseek 函数的应用）。

◆　**考试方式**

1．笔试：90 分钟，满分 100 分，其中含公共基础知识部分 30 分。

2．上机：90 分钟，满分 100 分。

3．上机操作包括：

（1）填空。

（2）改错。

（3）编程。

附录B

福建省高等学校计算机应用水平等级考试（二级 C 语言）考试大纲

I、考 试 目 的

本考试考查考生以下知识与能力：

1. 掌握 C 语言的基本概念和语法知识。
2. 了解 C 语言程序与函数的结构特点、主函数及程序执行流程。
3. 正确使用顺序、选择、循环 3 种结构，具有结构化程序设计的能力。
4. 掌握常用算法，能运用算法描述工具——流程图。
5. 能使用 Turbo C 集成开发环境，完成源程序的编写、编译，运行与调试程序。
6. 具有综合运用以上知识编写程序，解决计算与数据处理类问题的初步能力。

II、考 试 内 容

一、C 语言基础

1. C 语言特点（识记）。
2. 语言程序基本组成（识记）：C 语言程序的结构与主函数，程序的书写格式与规范。
3. 基本数据类型：标识符与基本数据类型（识记），常量与变量（领会），内存的概念（识记）。
4. 基本输入、输出函数（领会）：格式输入和格式输出函数，非格式化输入、输出函数。
5. 运算符与表达式（简单应用）：算术运算，增 1 与减 1 运算，关系运算，逻辑运算，条件运算，位运算，赋值运算，类型转换，逗号运算，长度运算符，运算符的优先级与结合性。

二、程序控制结构

1. C 语言的语句（识记）：C 语言语句的语法及书写规范。
2. 顺序结构（领会）：程序设计的流程图，程序控制结构中的顺序结构，复合语句。
3. 分支结构（简单应用）：if 结构、if 结构的多种形式，switch 结构与多分支结构。
4. 循环结构（综合应用）：当型循环，直到型循环，break 语句与 continue 语句。

三、构造型数据

1. 数组（综合应用）：一维数组，字符数组，二维数组。

2. 结构类型：结构类型的概念，结构类型定义及结构变量说明，结构变量的使用（领会），结构变量的初始化，结构数组的初始化（识记）。

3. 联合类型（识记）：联合类型的概念，联合类型定义和联合变量说明，联合类型的使用。

4. 枚举型（识记）：枚举型的定义和使用枚举型变量。

5. typedef 的用途（识记）：使用 typedef 定义新类型名。

四、指针

1. 指针与指针变量（识记）：指针的基本概念，指针变量的定义，指针变量的赋值。

2. 指针运算符（领会）：地址运算符与指针运算符、间接寻址。

3. 指针与数组（简单应用）：指针与一维数组，移动指针及两指针相减运算，指针比较，指针与字符串，指针与二维数组。

4. 指针数组与指向指针的指针（识记）：指针数组，定义指针数组，指针数组的应用，指向指针的指针，定义指向指针的指针变量，指向指针的指针变量的应用。

5. 指针与结构（领会）：指向结构变量的指针变量，指向结构数组的指针变量。

五、函数

1. 常见的系统库函数（识记）：输入、输出函数（stdio.h）：printf, scanf, getchar, putchar, puts, gets；字符与字符串函数（string.h）：strcpy, strcat, strcmp, strlen；简单数学函数（math.h）：sqrt, fabs, sin, cos, exp, log, log10, pow。

2. 用户自定义函数（简单应用）：函数定义、调用和说明，函数返回值，函数参数。

3. 函数之间的数据传递（领会）：函数数据按数值传递，函数数据按地址传递，利用函数返回值和外部变量进行函数数据传递，结构变量作为函数参数传递。

4. 函数的嵌套调用及递归调用（领会）：函数的嵌套调用、函数的递归调用。

5. 局部变量与全局变量（识记）：局部变量与全局变量的定义、初始化及作用范围。

6. 变量的存储类型与变量的初始化（领会）：局部变量与全局变量的生存期，静态变量与动态变量的定义、初始化、作用范围及生存期。

7. 编译预处理（领会）：文件包含，无参宏定义。

六、文件

1. 文件的基本概念，C 语言中的两种文件（识记）。

2. 文件的打开、关闭和文件结束测试，文件的读写，文件的定位（识记）。

七、算法与编程（综合应用）

1. 用 C 表达式或函数计算相对应的数学表达式。

2. 连加与连乘的计算，级数的计算。

3. 冒泡法排序与选择法排序。

4. 矩阵的简单运算与显示。

5. 字符串操作。

6. 文件编程应用。

八、使用 Turbo C 集成开发环境调试程序

1. 源程序的编写、编辑与改错（领会）。

2. 集成环境下的求助 Help（识记）。

3. 程序的编译与目标代码的生成（识记）。

4. 程序的调试（综合应用）：单步运行程序，运行到光标处，断点设置，变量内容的跟踪、显示与修改。

5. 了解 Turbo C 程序的常见错误提示（识记）。

Ⅲ、考 试 说 明

一、考试形式

采用无纸化上机考试。

考试环境：Windows XP 简体中文版，Turbo C 2.0 或以上集成环境（IDE）。

考试时间：90 分钟。

二、试卷题型结构

1. 选择题（20 小题）40%。

2. 程序改错题（2 小题）20%。

3. 程序填空题（2 小题）20%。

4. 编程题（2 小题）20%。

福建省高等院校计算机等级考试

第八届考试委员会修订

2009 年 6 月

参 考 文 献

[1] 潘金贵等. TURBO C 程序设计技术. 南京：南京大学出版社，1990.

[2] 谭浩强. C 程序设计（第三版）. 北京：清华大学出版社，2005.

[3] 范慧琳. C 语言程序设计习题解析与实验指导. 北京：中国铁道出版社，2007.

[4] 尹德淳. C 函数速查手册. 北京：人民邮电出版社，2009.

[5] 丁有和. C 实用教程. 北京：电子工业出版社，2009.

[6] 李峰，骆剑锋. 程序员考前重点辅导. 北京：清华大学出版社，2010.

21 世纪高等学校数字媒体专业规划教材

ISBN	书 名	定价（元）
9787302222651	数字图像处理技术	35.00
9787302218562	动态网页设计与制作	35.00
9787302222644	J2ME 手机游戏开发技术与实践	36.00
9787302217343	Flash 多媒体课件制作教程	29.5
9787302208037	Photoshop CS4 中文版上机必做练习	99.00
9787302210399	数字音视频资源的设计与制作	25.00
9787302201076	Flash 动画设计与制作	29.50
9787302174530	网页设计与制作	29.50
9787302185406	网页设计与制作实践教程	35.00
9787302180319	非线性编辑原理与技术	25.00
9787302168119	数字媒体技术导论	32.00
9787302155188	多媒体技术与应用	25.00
9787302224877	数字动画编导制作	29.50

以上教材样书可以免费赠送给授课教师，如果需要，请发电子邮件与我们联系。

教学资源支持

敬爱的教师：

感谢您一直以来对清华版计算机教材的支持和爱护。为了配合本课程的教学需要，本教材配有配套的电子教案（素材），有需求的教师可以与我们联系，我们将向使用本教材进行教学的教师免费赠送电子教案（素材），希望有助于教学活动的开展。

相关信息请拨打电话 010-62776969 或发送电子邮件至 weijj@tup.tsinghua.edu.cn 咨询，也可以到清华大学出版社主页（http://www.tup.com.cn 或 http://www.tup.tsinghua.edu.cn）上查询和下载。

如果您在使用本教材的过程中遇到了什么问题，或者有相关教材出版计划，也请您发邮件或来信告诉我们，以便我们更好地为您服务。

地址：北京市海淀区双清路学研大厦 A 座 708　　　计算机与信息分社魏江江 收
邮编：100084　　　　　　　　　　电子邮件：weijj@tup.tsinghua.edu.cn
电话：010-62770175-4604　　　　　邮购电话：010-62786544

《网页设计与制作》目录

ISBN 978-7-302-17453-0   蔡立燕 梁 芳 主编

图书简介：

Dreamweaver 8、Fireworks 8 和 Flash 8 是 Macromedia 公司为网页制作人员研制的新一代网页设计软件，被称为网页制作"三剑客"。它们在专业网页制作、网页图形处理、矢量动画以及 Web 编程等领域中占有十分重要的地位。

本书共 11 章，从基础网络知识出发，从网站规划开始，重点介绍了使用"网页三剑客"制作网页的方法。内容包括了网页设计基础、HTML 语言基础、使用 Dreamweaver 8 管理站点和制作网页、使用 Fireworks 8 处理网页图像、使用 Flash 8 制作动画、动态交互式网页的制作，以及网站制作的综合应用。

本书遵循循序渐进的原则，通过实例结合基础知识讲解的方法介绍了网页设计与制作的基础知识和基本操作技能，在每章的后面都提供了配套的习题。

为了方便教学和读者上机操作练习，作者还编写了《网页设计与制作实践教程》一书，作为与本书配套的实验教材。另外，还有与本书配套的电子课件，供教师教学参考。

本书适合应用型本科院校、高职高专院校作为教材使用，也可作为自学网页制作技术的教材使用。